自然の中で 美しい生きものと 出会う図鑑

藤原裕二

まえがき

藤原裕二

「すがすがしい自然の中で、美しい花や蝶を見たい」
「ワクワクするような野生的な野鳥や動物に出会いたい」
　この本は、そう思っている方々に向けて書いたものです。

　野山を歩いていて、可憐な花、色鮮やかな蝶や野鳥に出会った時、「どんな生きものなのだろうか」、「もっと出会いたい」と感じた方は多いと思います。また、美しく、野生的な生きものは、どんなものが、いつ、どこで見られるのだろうかと思っている方もいると思います。

　そんな方にお役立ていただけるよう、自然の中で見られる、美しく面白い、人気のある生きものを集めてご紹介する本を書きました。

　この本は、まず、美しい自然な姿を写真で見ていただくように努めました。そして、文章でも生きものの魅力について表現しました。生きものの魅力は、姿だけでなく、生き方にもあります。野生の生きものは、環境に適応して形態を変化させ、状況に応じて行動します。そのような「生き方」もできるだけ伝えるようにしました。さらに、興味ある生きものにどのようにしたら「出会えるか」について、様々な情報と筆者の経験などを集約してまとめました。その結果、次の工夫をして魅力的な生きものを紹介する本にしました。

○分野を1つに限定せずに、花、蝶、野鳥、哺乳類から、人気のある種を集めた。
○生きものの姿や生き方の美しさ、面白さ、自然な状態が分かるような写真にした。
○生きものの説明に加え、出会い方についても解説した。
○生きもののつながり、自然の中での生きもの全体の関係も分かるようにした。
○難しい専門用語はできるだけ使わず、多くの方に分かりやすいようにした。

　筆者は、試行錯誤を繰り返して、様々な生きものを探し回って写真を撮りました。また、自然観察会やハイキングツアーでガイドをしてきた経験から学んだこともたくさんあります。この本は、その集大成です。

　この本が、読者の皆様にとって、生きものの美しさや面白さをより楽しんでいただく一助となればうれしいです。そして、生きものの生き方も理解していただき、自然の仕組みの素晴らしさを感じ取っていただきたいと願っています。

もくじ

生きものについて

1. 生きものを見る楽しみ

「きれいな花ね」「あのチョウ、ハネが光っている」「青い鳥が飛んだ。なんだろう」「木にリスがいる。可愛い！」このように、花や動物に出会い、ウキウキしたことはないだろうか。

生きものを見て、理屈なく驚いたり、感激したりすることは誰にでもあると思う。特に、美しい生きものや面白い行動を見た時はドキドキするだろう。

それは、なぜだろうか？ 現代では、人は生きものに直接かかわることが少ない文明社会に生きているが、心の底では、生まれつき生命に対する関心や愛着を持つ感覚が備わっているのではないだろうか。

人間はサルの仲間から進化してきて、太古から自然環境の中で植物や動物の恩恵を受けて生きてきた。その性質が今も脳内など身体のどこかに残っていて、自然環境に棲む生きものに関心や親近感があるのだろう。

生きものを見て楽しく感じること

生きものを見て、楽しいと感じる点は、人それぞれだろうが、概ね次のようなことではないだろうか。

①姿、形

生きものは様々な姿、形をしていて、中には、「面白い」「可愛い」と感じるものもいる。

花には、筒のようなものやシャンデリアのようなものなど、野鳥には極端に尾が長いものやたくましい姿のものなどがいる。特徴がなくても、蝶や野鳥、哺乳類などには目が大きかったり、優しい表情をしていたりと親しみの持てる動物は多い。

②色合い、模様、輝き

色や模様でうっとりとする生きものも多い。自然界の色は無限にあり、赤や青、黄色といっても生きものによって微妙に違い、模様があるものも多い。さらに蝶の翅（はね）のように光の反射で輝き、また、見る方向で色合いが変わるものもある。

③行動、声

動物は、歩いたり、飛んだり、餌を食べたり、子どもを育てたり、鳴いたり、争ったりといろんな行動をする。これらの行動は、時には、微笑ましかったり、ワイルドに感じたりする。また、野鳥の美しい声は耳に快く感じる。

④生きもの同士の関係

ある生きものと他の動植物との関係で興味深いこともある。動物は、餌を食べ、天敵を避け、また、異性に対しての繁殖行動をしている。そのような他の生きものに対する行動が自然の奥深さを物語っているようで、面白い。例えば、花と昆虫の関係は、花の形によって蜜を吸いに来る虫が違い、筒のような花に虫が入っていくのを見ると、うまくできた関係だと思い、感心する。

⑤自然の仕組み

生きものを見るにあたり、生きざま、

暮らし方、専門的な言葉でいうと「生態」について関心を持つと、さらに面白くなる。生きものを見た時、なぜそのような姿や行動をしているのかという疑問を持つことから始め、調べるなどしてその答えが分かり何かの生態を知ると、自然の仕組みを少し理解したように感じ、嬉しくなる。

このように、生きものの姿や行動を見ることは面白く、感動的なこともある。そして、その生態や他の生きものとの関係を知るとさらに驚き、しだいに自然の仕組みが見えてきて、自然全体が好きになる。

2. 生きものを見る時 知っておきたいこと

生きものの共通的な性質や周囲との関係などを知っていると、より理解できて面白くなる。

生きものとは？（基本的な性質）

地球上の生きものの種類は、名前がつけられている種だけで約140万種あり、名前がない種も含むとどれだけあるのかまだ把握しきれていない。微生物のような小さいものからクジラのような大きいもの、植物のように動かないもの、羽を持ち飛び回る鳥など多様だが、それらすべての生きものには、共通の祖先がある。その祖先が子孫を複製しながら増え、その過程で遺伝子に様々な変異が生じ、少しずつ姿や性質の違う個体が生まれた。それらがさらに様々な環境に適応するように進化をし、結果的に膨大な種が生まれてきたのである。

土や石の鉱物や空気、水など非生物と違い、これら「生きているもの」に共通する性質とは何だろうか？

①環境から細胞膜などで独立している

土や気体、液体のように周りとつながっておらず、細胞膜などで分離されている。植物はクチクラ層と呼ばれる表皮、動物は皮膚などで外部から仕切られている。

②エネルギーや栄養を得ている

光を得る、または、他の生きものを食べることでエネルギーを獲得し、水と栄養を吸収することで成長し、生き続けている。

③環境に耐え維持する

温度、水分、光などの環境の変化に耐え、また、他の生きものに食べられないために形態の変化や行動を取り、生き続けようとする。

④子孫を残す

それぞれの個体は、自分の遺伝子を持つ別の個体である子孫を残そうとする。多くは、オスメスの性があり、異性の遺伝子と結合して新たな子を残す。その結合のために、様々な形態の変化や行動が取られている。

様々な生きものを見てきて、その姿や行動について、なぜそうなっているかを突き詰めると、これら基本的性質に行きつくのである。我々人間もこの基本的性質に基づいて生きているので、生きものを見ることは、実は人間の行動を理解することにもつながる。

生きものと生きものの関係

ある生きものと他の生きものは何等かの関係を持っていることがある。その関係は、次の仕組みによる。

①エネルギーと栄養の流れ（食物連鎖）

生きものは、エネルギーや栄養を外部から取り入れる必要がある。植物は、葉緑素

による光合成で、太陽光を受け二酸化炭素と水からでんぷんを作りエネルギーを得ていて、根から水や無機物を得て栄養としている。これにより他の生きものを食べることなく生きている。動物の場合は、エネルギーや栄養を外部から摂取するため、何かを捕食する行動パターンを持っている。逆に、他の動物に捕食されないようにする行動パターンも持っている。

　この生きものの関係を次のページの図で示す。ここで「草食性」は主に植物を食べる動物、「肉食性」は主に動物を食べる動物、「雑食性」は植物も動物もよく食べる動物である。なお、この図の矢印は主要なエネルギーと栄養の流れを示している。例外もあり、例えば、猛禽類のヒナが他の動物に食べられるなどの逆の流れもある。

　また、植物の落葉や落枝、動物の死体は地面で菌などにより分解され、その成分が栄養として植物に吸収される。このように栄養は生きものの間で循環している。

②生きものの間での相互関係
　様々な生きもの同士の関係は、一般的に搾取、競争、共生の３つがある。

　「搾取」は、一方が食べ、一方が食べられるという利害関係が一方的な関係で、捕食のほか寄生などがある。

　「競争」は、似たような生活様式を持つ生きもの同士で利益を侵害しあう関係で、同じ餌や縄張りを奪い合ったりすることである。

　「共生」は、両方の生きものに利益がある関係で、例えば、花が昆虫に蜜をあたえ花粉を運んでもらうなどである。

③動物と植物の関係
　動物と植物の関係では、通常、植物は、動物に食べられ、搾取されて被害を被っているが、花粉や果実を運んでもらうなど動物に助けられてもいる面もあり、次のようにいくつかの関係がある。

〇動物が植物から得ている恩恵
・葉や花、果実などを食べる
・蜜や樹液を吸う
・巣材や巣の場所、隠れ家を提供してくれる

〇植物が動物から得ている恩恵
・花粉を運んでもらう（子孫を残すことにつながる）
・種子を運んでもらう（場所の移動につながる）
・有害な生きものから守ってもらう

　花粉や種子を運んでもらうために、植物は、花や果実に色や模様、形などに様々な工夫をしている。また、野鳥は植物に有害な虫を食べて守っている。

④防衛のための仕組み（食べられない戦略）
　食べられることが多い生きものでも、できるだけ食べられないよう対抗策を持っているものが多い。その対抗策には次の様々な方法がある。

〇植物
　刺：動物に食べられない
　毛：小さな昆虫が通りにくい
　毒：動物に食べられない
　匂い：動物が避ける

〇動物
　隠れる：草藪や木の葉、穴、水中などに隠れる
　速く逃げる：天敵より速く逃げる
　夜行性：天敵が少ない夜に活動する
　毒：食べられないよう身体に毒を持つ
　武器：天敵に対抗する角や歯など武器を持つ
　擬態：身体を周囲の色や模様に似せて、目立たなくする（保護色）。または、逆に脅かすように天敵や毒のある生き

生きもの間のエネルギーと栄養の流れ（食物連鎖）

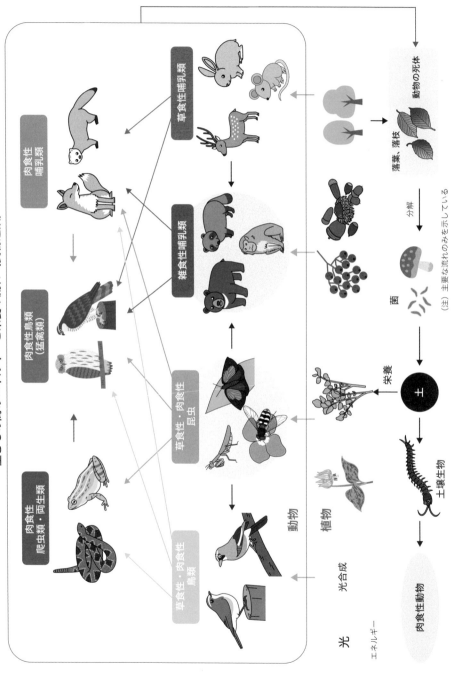

（注）主要な流れのみを示している

ものに似せる。

日本の環境と生きものの関係

　日本は、南北に長く、亜熱帯から亜寒帯までの気候帯があり、また、標高の高い山岳地もあることから、場所によって気候が大きく変化する。森林は気温と雨量で構成する樹種が違ってくるので、気候の変化が多い日本では、次のような種類の森林が分布している。森林の木が異なれば、林床の草花やそこに棲む昆虫や野鳥、哺乳類にも変化が出てくる。

①亜熱帯の常緑広葉樹林（または多雨林）

　沖縄、奄美の各諸島の地域で、常緑広葉樹のマングローブ、カジュマルなどを代表種とする森林。この地方は温暖なため、九州以北では見られない昆虫や野鳥も多い。また、島なので、飛べない動物は他の地域との間で移動ができず、中大型の哺乳類の種類は少ないが、島特有の種もいる。

②暖温帯の常緑広葉樹林（照葉樹林）

　九州、四国、中国から関東南部までの暖温帯にあり、常緑広葉樹のシイ・カシ類、クスノキなどを代表種とする森林。落葉広葉樹も混じる。落葉広葉樹林よりも林床に日が当たらないため、草本の種類は少ないが、ランの種類は多い。温暖なため様々な動物が棲み、生きものの種類は多い。

③冷温帯の落葉広葉樹林（夏緑林）

　東北地方、北海道西部などで、落葉広葉樹であるブナ、ミズナラ、カエデ類などを代表種とする森林。木は、冬に葉を落として休眠する。東北地方や北海道南部などでは、ブナは純林となり、ブナ林と呼ばれるが、太平洋側などでは他の樹種が混じる。本州中部から関東北部は暖温帯と冷温帯の移行帯であり、コナラ、シデ類などが代表種となる。春の林床はよく陽がさすのでスミレ類など多くの花が咲く。また、春から初夏は、開いたばかりの木の葉に昆虫の幼虫がたくさん発生し、それを食べに多くの野鳥などが集まり、繁殖活動をする。

④亜寒帯、亜高山帯の針葉樹林

　北海道中部や東部で、常緑針葉樹であるトドマツ、エゾマツが代表する森林。また、本州の亜高山帯（中部地方で概ね1,500m以上）も寒冷地であり、常緑針葉樹のシラビソ、オオシラビソなどの森林が発達している。寒冷なので、比較的、草本や昆虫、哺乳類の種類は少ないが、山地特有の花や高山植物、また、高山の蝶など見られ、ルリビタキなど亜高山で繁殖する野鳥もいる。

⑤高山帯　（ハイマツ帯、高山植物帯）

　本州の2,500m以上の中部山岳地帯や北海道の大雪山の1,600m以上ではハイマツ群落が優占する。さらに冬季の季節風があたる尾根の上部などは、ハイマツがモザイク状に点在する植生や樹木はほとんど生育しない裸地がある。生きものには厳しい環境で種は少ないが、氷河期の生き残りと言われるコマクサやライチョウなど様々な高山植物や高山に適した野鳥や蝶などが棲む。雪が吹きたまる場所は、雪田と呼ばれ、雪解け後、様々な花が咲く「お花畑」を形成する。

　他にも草原、湿原、渓谷、河原、海岸、水田・畑、市街地などそれぞれに特有な植生があり、それに適応した動物が棲んでいる。

生きものと歴史や地形、地質との関係

　現在の植物や動物の分布は、長い間の

気候や地形、地質の変化の歴史にもよっている。例えば、日本では約7万年前から約1万年前まで氷河期があり、その寒い時期に広く分布していた植物や動物が、今は、寒冷なアルプスの高所や北海道の山に高山植物、高山蝶などとして残っていて、「氷河期の生き残り」とも言われている。また、火山の噴火やがけ崩れのあった場所などは、しばらくは森にならずに礫地や草地になっていて、生きものも違っている。さらに、蛇紋岩や石灰岩の地質にしか生えない植物があるなど、地質によっても植生が違ってくる。これら地形や地質は、火山活動や地層の隆起などに関係しており、それを起こす地球内部のマントルの動きの結果である。

人間の影響

　以上は自然状態の森林についてのことであるが、日本では、自然のままの森林は少なく、人為的な植林や人間が何等かの手を加えた森林が多い。人間も生きものの一種であるが、他の生きものに対し、たくさんの影響を与えている。例えば、次のような例がある。

①植物を選択する

　人は、木を伐採したり、草刈や火入れで草を減らしたり、また、その土地にない植物を植えたりし、植物の種を選択することで植生に影響を与えている。例えば、日本の森林のうち4割が人の植えた植林である。その他の森も、人間の影響を受けているものが多い。花が咲いていても、場所によっては、人が植えたものもある。逆に、貴重な野生の植物が、人に盗掘されて減っていることもある。

②動物を刺激する

　人は、昔から野鳥や哺乳類の狩りをしているので、多くの動物は人間を避ける習性がある。逆に、人里の近くの畑や植栽には餌が多く、それを求めて集まる動物や、天敵が人を避けて少ないため人里に棲む野鳥もいる。

③地球温暖化

　人間が石油や石炭など化石燃料を燃やすことで地球全体が暖かくなっていることにより、生きものの分布にも影響が出ている。例えば、南方の蝶が関東で見られたり、積雪が減りニホンジカが増えたりしているのはその影響と言われ、今後さらに大きな影響が出るのではと危惧されている。

④外来種を運ぶ

　近年、海外の動植物を輸入し、ペットや園芸で育てることが増えている。それが日本の自然環境に抜け出し、野生化しているものもある。外来種、帰化植物、移入種などと呼ばれており、一部は、日本に元々生息していた動植物の生存を脅かしている。

次世代を残すこと　（繁殖）

　生きものの一生で後に残すものは、子孫であり、単純化すると、子孫を残すために生きているともいえる。子孫を残すということは、自分の遺伝子を残すということでもある。そのために、多くの生きものは、次のような様々な工夫をし、たくさんのエネルギーを使って繁殖しようとしている。

①オスメスの形態など

　異性に対して魅力的な姿や色、匂いをしている。例えば野鳥では、オスの色や姿がメスと違い、メスに気に入られるよう

に派手な色合いになっていることがある。

②相手を見つける行動

　繁殖期は相手を探して動き回り、見つけると特有の行動で求愛のアプローチする。

③同性で争う行動

　1匹のメスに対し複数のオスがアプローチする場合があり、時には争って奪い合う。

④子どもを育てる行動

　野鳥や哺乳類は、子どもを育てるため、餌や乳を与え、天敵から守るなどの行動をする。

　このような繁殖のための姿や行動が、人間にも美しく見えたり面白いと感じたりすることがある。

　植物の場合は、昆虫や野鳥に雄しべの花粉を雌しべに運んでもらうよう、花の各部の色や形に様々な工夫をしている。

種の分類

　人間は生きものを分類して「種」として認識し、名前を付けている。類似した形態や習性を持つ生物を一つのグループとして分類したものである。また、代表的な個体といくつかの点で異なる形態のものを亜種、さらに一つか二つ違う場合を変種、品種と呼んでいる。しかし、個々の個体の形態には差があるのが普通で、また、環境変化に適応し新たに違った個体が発生することもあり、どこまでの違いを同一の種とするかを厳密に線引きするのが難しいこともある。このため、分類や種の名前は、人間が生きものの世界を認識し、人と情報交換するうえでの仕組みと考えられる。最近では遺伝子のDNA情報により従来の分類が見直されている。

3. 生きものとの出会い方…
興味ある生きものに出会うには

　それでは、興味を持った生きものに、どのようにすれば出会えるだろうか。それは、興味を持った生きものについて調べ、自然のフィールドに出て探すことから始まる。相手によっては簡単に会えないことも多いが、概ね次のようなことを行うと出会う可能性が高まる。

会いたい生きものの生態を知る

　生きものは、環境や他の生きもの、異性との関係で棲む場所や現れる時期、行動のパターンが違ってくる。花であれば、種によって見頃の時期があり、また、地形や日当り状況などで咲く場所も違ってくる。蝶は成虫の発生時期が種によって決まっていて、野鳥では渡り鳥のように春から夏、または冬しか見られない鳥がいる。それぞれの生きものの発生時期や活動時間、森林、渓谷、草原などどのような場所によく見られるかを知ると出会いやすくなる。

情報を得る

　生きもののことを知るには図鑑が基本であり、種類やその生態、生息場所などを知ることができる。詳しい説明や広い情報については関連する本も欠かせない。さらに、ホームページやブログ、SNSなどで生きものの情報やフィールドでの生息情報が得られる。特定の場所では、開花情報や見られる野鳥が出ているサイトもある。また、様々な自然団体の会誌なども参考になる。

現地に行ってみる

　動物の出現や開花する花は、個別の場所の環境に左右されるので、現地に行ってみなくては分からない。自分の目を頼りに、時には無駄を覚悟で歩き回る。運よく出会えればいいが、目的の動物の痕跡や、ちらっと見たなどの気配があれば、改めて行くことで出会いの可能性が高まる。

　また、役に立つことが多いのは、現地の人からの情報である。国立公園や国定公園などには「ビジターセンター」があるところが多く、季節ごとの自然情報を掲示していて、付近の状況を教えてもらえるので、入って情報収集するとよい。また、フィールドの中で出会った人に聞くと、見られる場所などを教えてもらえることもある。

生きものの気持ちを想像してみる

　生きものは、人間の気持ちなどは構わず、自分の気持ちで行動している。それは、天気や時間、食べ物、異性との関係、天敵の状況など様々である。ある生きものに会いたいなら、その時その場所の状況で、目的の生きものの気持ちを想像してみるとよい。例えば、この木においしそうな実がなっているので鳥が来そうだとか、とても暑い日なので蝶や哺乳類は日陰に休んでいるだろうなどと想像できる。

人との交流で知る

　個人で調べ、探すよりも、経験ある人に教えてもらう方が早道である。詳しい知人がいれば教えてもらえばよいが、そうでなければ、様々な自然団体や旅行会社、ビジターセンターなどが開催する観察会や自然ガイド同行のハイキングツアーなどに参加すると参考になるだろう。

　また、花や野鳥、蝶など特定の分野や、ある特定の地域に関わりたい時は、その関係の自然団体の会員になり、イベントに参加すると、より人とのふれあいが生まれ、楽しく生きものを知ることができる。

花について

1. 魅力

　花は美しいものが多い。白や黄色、赤や青など色が様々で、複雑な模様があるものもあり、華やかさや可憐さ、味わいなどを感じる。花の形も上向き、横向き、下向き、房状、穂状などいろいろあり、雄しべや雌しべ、萼などの形が特徴的なものもある。このように外見の多様さがあり、とても興味深い。

　外見の美しさだけでなく、個々の植物の生き方や昆虫や野鳥など動物との関係が分かるとさらに面白くなる。

2. 植物の特徴

　植物は、動物と比べると「他の生きものを食べない」、「場所を移動できない」、「花で繁殖する」、「環境に応じ形態が変化する」などの特徴がある。そのような特徴で、どのように生き続けているかというと概ね次のとおりである。

❶エネルギー合成と成長

　植物は、光と二酸化炭素、水からでんぷんという有機物を作る「光合成」でエネルギーを得ている。そして、土から根によって水や窒素などの無機物を吸収して、成長し、生きている。

❷子孫継承

　光合成で大きくなった植物は、やがて花を咲かせる。花には、雌しべ、雄しべがあり、雄しべの花粉を雌しべに渡し、卵が受精して次の世代になる種子ができる。

❸場所の固定と移動

　植物は根があり、一つの個体の生きる場所が固定されていて、移動ができない。環境の変化があっても、動物に食べられても、逃げることができない。そのため、それぞれの植物は、後述のようにある程度の環境変化に耐えることや食べられないための工夫をしている。また、成長した個体は移動ができないが、唯一、「種子」は移動できる。種子が、風や動物、水流などによって運ばれ、うまく成長に適した場所に届いた場合にそこで発芽する。

❹形態の変化

　植物は場所を移動することができないが、気候や光条件をはじめ周囲の環境に応じて、形態を変化させることができる。光を求めて茎が曲がったり葉を増やしたり、晴れた日のみ花を咲かせたり、風や障害物があると大きくならないなどだ。また、長期的には、動物に食べられることが多い場所では、動物が嫌がるように刺が大きくなることもある。

❺花の構造と機能

　花は、外側から「萼片」、「花弁」、「雄しべ」、「雌しべ」からなる。しかし、花によっては、これら全てが揃っているわけでなく、例えば、花弁がなく萼片が花弁に見えるようなものもある。また、萼片と花弁は、総称して「花被片」と呼ばれている。

　花は植物の生殖器官で、雄しべは、「花糸」と「葯」からなり、雌しべは、「柱頭」、「花柱」、「子房」からなり、子房の中に卵細胞のある「胚珠」がある。

雄しべの葯にある花粉が、雌しべの柱頭に移動して、花粉から出た精細胞が雌しべの胚珠にある卵細胞と結合して、種子ができる。その花粉の移動は、風による場合、昆虫または野鳥の身体についていく場合がある。花粉を昆虫に運んでもらう花は、運んでくれる昆虫の活動時期に咲くようになっている。また、来てもらいたい昆虫の形態や習性に合わせた花の形や色となっている。

3. 種類

陸上の茎がある植物は高等植物または「維管束植物」と呼ばれ、日本では、約5,560種ある。（亜種・変種・品種は除く）維管束植物とは、茎に水やエネルギー物質、栄養を輸送するための組織である維管束がある植物のことである。シダの仲間や裸子植物、被子植物が含まれ、裸子植物と被子植物は花を咲かせて種子をつくる。特に被子植物は、生殖器官である花が昆虫や鳥に花粉を運んでもらうよう特殊化し、花弁などに特徴のあるものが多い。そのため、人が花を見て楽しむ主な対象は被子植物となっている。

被子植物は約4,720の種があり、「木」と「草」で分けられる。木は「木本」とも呼ばれ、茎が太り続けて長い間存続する植物で、草は「草本」と呼ばれ地上部分が1年程度など短期間で枯れてしまうか長期間生きても太り続けることがない植物である。花を楽しむ場合、低い位置にある草本のものが多いが、ツツジの仲間など木本でも低い位置に花を咲かせるものがあり、また、高山では木でも草本のように地上近くにある小さいものがある。

草本では、種子が発芽してから花を咲かせ実をつけてなくなるまでが1年より短いものを「一年草」、1年より長く、2年目に開花して実をつけるものを「二年草」と呼び、どちらも花を1回咲かせる。2年以上生存し、花が毎年咲くか、咲く回数が決まっていないものを「多年草」と呼ぶ。

環境によって見られる花

植物は亜熱帯の常緑広葉樹林、暖温帯の常緑広葉樹林、冷温帯の落葉広葉樹林、亜寒帯や亜高山帯の針葉樹林、高山帯のハイマツ帯や高山植物帯によって種の構成が変わってくる。他にも湿原、渓谷、河原、海岸、草原、水田・畑、都市内の公園などそれぞれの環境に適応した種が生息する。それぞれの場所に咲く花の種類は、概ね次のとおりである。

①常緑広葉樹林

温暖で樹木の種類が多いが、林床には陽があまり当たらないため、草花は目立たない。それでも、ユリの仲間やランの仲間などが比較的多い。

②落葉広葉樹林

林床が比較的明るい林なので、季節に応じ様々な草花が咲く。特に、木の葉が開く前の早春は、カタクリやニリンソウなど「スプリングエフェメラル」と呼ばれる春から初夏のみに現れる植物が咲く。

③針葉樹林

気温が比較的低く、草花の種は少なくなるが、春から夏を中心にイワカガミの仲間やイチヤクソウの仲間など様々な種が見られる。

④高山

ハイマツが優先するハイマツ帯の他に木の生えない砂礫地、岸壁や風衝草原などがある。植物は少ないが、雪の吹き溜まりの雪田の溶けた場所にはチングルマ、サクラソウの仲間など様々な高山植物が咲く。また、砂礫地ではコマクサやウルップ

ソウなど風雪に耐えられる高山植物が見られる。

⑤山地の草原

山地の草原や明るい林縁は日当りがよく、春から初秋まで、様々な花が咲く。特に初夏から夏はフウロソウの仲間やニッコウキスゲ、アヤメの仲間、シモツケソウ、ユリの仲間などで色とりどりの「お花畑」と呼ばれるような場所もある。

なお、日本の気候では、通常の土地では、自然の状態のままだと木が育ち、草原は森林に変わっていくことが多い。そのため、草原は、スキー場や牧草、観光などのために、人為的に草刈や伸びた植物を火で燃やすなどして、維持されている所が多い。

⑥湿原

湿原では樹木の生育が悪く、草原状の地形になり、水分の多い地面に強いミズバショウ、ザゼンソウ、カキツバタやサワギキョウなどが咲く。

⑦渓谷

渓谷は岩が多く土壌が発達しておらず、日当りが悪いので、植物にはあまりいい環境ではないが、ネコノメソウの仲間、イワタバコやクリンソウなど様々な種が咲く。

⑧雑木林

里の雑木林は落葉広葉樹が多く、明るい林のため、植物が育つにはいい環境で、早春から様々な花が咲く。特に春にはニリンソウなどスプリングエフェメラルやスミレの仲間、イカリソウなどで賑わう。

なお、草花が育つ環境であっても、次の影響により期待する種がなくなっている場所も多い。

一つは外来種の影響である。低地の草原や里山、水田・畑、都市内の公園など、人家に近い場所ほど、勢力の強い外来種が増えたことで、日本の野生種が減っている。

もう一つはニホンジカの影響である。雪国以外の山地や草原などではニホンジカが増えていて、植物が食べられ、花が以前のように見られない所が多い。場所によってはシカが入れない柵が設置されていて、柵の中には花がたくさん咲いていることがある。

4. 生き方

植物は環境変化や天敵から自分を守り、繁殖し、次世代に命をつなぐように生きている。そのために、次のような工夫をしている。

❶昆虫や野鳥の誘引

花の色は昆虫や野鳥を誘引するためのもので、季節に応じ、周囲に多い昆虫や野鳥の好みの色をしていることが多い。例えば、ハエ、アブ、小形のハチなどは、赤系の色が認識できず、白や黄色などが好きなので、花にはこの色が多い。アゲハチョウなどは赤が見えるので、蝶にきてもらいたい花は赤系が多い。野鳥も赤が好きで、ヤブツバキは他の餌が少ない冬に咲いて、赤色でメジロなどの鳥を誘っている。また、昆虫は人が見えない紫外線も見えるので、紫外線で蜜の在り処を示している花もある。

❷花の形態と送粉昆虫との関係

様々な花の形は送粉してもらいたい昆虫を選ぶようにできているものが多い。花の形と主な送粉昆虫（カッコ内）の関係は次のとおりである。

・露出型：蜜は露出か、わずかに隠されている花。 ヘビイチゴ、ヤツデなど（甲虫、ハナアブ、ハエ、ハナバチ）
・短筒型：昆虫の口吻が 7 ～ 8mm 以上なければ蜜が吸えない花。 サクラソウ、スミレなど（ハナバチ）
・長筒型：昆虫の口吻が 20mm 以上ない

と蜜が吸えない花。カラスウリ、マツヨイグサ、クサギなど（チョウ、スズメガなど）

・細管型：細い管状部がある花。ダンドボロギク、ネジバナなど（チョウ、ハナバチ）

・はい込み型：花に太い筒部がある花。リンドウ、ツリフネソウ、ハナショウブなど（ハナバチ）

・旗状型：雄しべと雌しべが花被の中に隠されている花。コマクサ、キケマン、フジなど（ハナバチ）

・下向き型：下向きに咲く花。カタクリ、ツリガネニンジン、イカリソウなど（ハナバチ）

・長蕊型：少数の雄しべと雌しべが花の中心から離れたところまで伸びた花。ツツジ、コオニユリ、ニッコウキスゲなど（アゲハチョウ、スズメガなど）

❸植物の防御の方法

　植物は昆虫や草食の哺乳類などに食べられないよう次のような防御法を持っているものもある。

・物理的防御
　　刺を持つ（例：タラノキ、サンショウ）
　　毛や粘液がある（多くの植物）

・化学的防御
　　苦味や毒などを持つ（例：トリカブト類、レンゲツツジ）

・生物的防御
　　他の昆虫などを追い払う昆虫を蜜で誘う（例：蜜でアリを引き寄せ他の昆虫を寄せつけない）

5．出会い方

　植物の場合、概ね毎年同じ場所に咲くので、過去見られた場所と開花時期が分かっていれば見られることが多い。生息場所や開花時期が分からない、また、分かっ

ていても見つけにくい種に出会うためには、概ね次のようなことが考慮点となる。

❶情報

　花の情報は、自然公園や花で有名な場所では本やホームページなどに掲載されていることがある。時期に応じた開花情報を載せているところもある。また、現地のビジターセンターや案内所のような所で、開花情報を掲示していたり、聞いてみると教えてもらえることもある。

❷観察会等への参加

　自然団体や旅行会社、ビジターセンターなど様々な団体が、植物を主な対象にした自然観察会などを行っている。そのようなイベントに参加すると、その時期に見頃の花などを見つけて、解説してもらえる。

❸天気と開花時期

　花の開花時期は、その年の寒暖によって前後する。花の成長は、その年の日々の温度の積み重ねで変わってくるので、暖かい日が多ければ早く咲き、寒い日が多ければ遅くなる。目安になるのが春のサクラの開花で、春の植物はサクラの開花時期の早い、遅いと同じような傾向を示す。夏の植物も同様に春から夏の天気が影響する。なお、開花している時期でもカタクリやセンブリなどのように、晴れている昼間しか花が開かない種もある。

❹探し方

　植物と出会うには、普通、歩きながら左右の地面近くをチラチラ見ながら探す。大きく明るい色の目立つ花は、すぐ見つけられるが、数 mm 程度の小さい花や緑色などの目立たない花は見つけにくいので、林床をよく見て歩き、何か周りと違ったものがあるなど気になった時に、その付近をよく見ると意外な植物が見つかることがある。

ハナネコノメ 花猫の目

分類：ユキノシタ科
草丈：5〜10cm
花期：3〜5月、多年草
場所：沢沿いの岩や湿地

渓流沿いの岩の上に咲く。

白い花に赤い葯がぽつぽつとあるハナネコノメ。

姿と魅力

清楚で可憐な小さな花。白地の釣鐘状の花の中に赤い点がぽつぽつとある。その赤い葯（やく）がアクセントとなって、純白が緑の葉と一緒に岩の上に広がり、渓谷の透明な水流を背景にして、すがすがしい光景を見せてくれる。

様々な仲間

ネコノメソウの仲間で、福島県から京都府に分布する。母種となる白花のシロバナハナネコノメソウは近畿地方以西に咲く。また、黄花では、東海地方に咲くキバナハナネコノメや関東以西に咲くコガネネコノメソウがある。

生き方

山地の渓流沿いの岩場や林内の湿地に群生する。まっすぐにのびる茎の先に、直径5mmほどの花を2〜3個つける。純白で丸みのある4枚の萼（がく）が、花びらのように上を向いて開く。その内側から紅色をした葯が顔を出し、白と赤のコントラストが目立つ。やがて葯は割れて黄色い花粉が現れる。

出会い方

渓谷の水際の苔むしたような岩についているので、そのような所で小さな白い花を探す。とても小さいので、近くに行かないと分からないことがある。咲く場所が限られているが、毎年、同じ場所で咲くので、過去に見た場所や他の人からの情報を基に見に行くとよい。春の他の花より少し早く咲き、関東付近低地では3月中旬に見頃になる。高所では5月でも咲いている。

黄色い花のコガネネコノメソウ。

カタクリ 片栗

分類：ユリ科
草丈：15〜30cm
花期：3〜5月、多年草
場所：落葉樹林内の寒冷な場所

群生して一面に咲く。

姿と魅力

美しい赤紫色の花がうつむいて咲く。花びらが上にひっくり返り、その先がとがる姿も味わいがある。その姿は、可憐な少女が恥じらっているようなので、花言葉は「初恋」。よく群生するので、他の花や緑が少ない早春に、たくさんの赤紫色の花を見ると春めいた気分になる。

生き方

「春の妖精」と呼ばれるスプリングエフェメラルの一種で、木々が葉をつける前の陽がよくさす時期に芽を出し、開花する。2ヶ月ほどで地上部は姿を消し、その後、地中の根は翌年の準備をする。芽を出した最初の年は咲かず、7、8年かけて花を咲かせる。昆虫は、下から雄しべや雌しべにぶら下がって吸蜜し、花粉が昆虫の身体につく。ギフチョウなどのチョウも止まれる。昆虫が飛ぶ晴れた日でないと花は開かず、十数度の暖かい日に満開になる。種子にはエライオソームという甘い物質がついていて、それを巣で食べようとアリが離れた場所まで種子を運んでくれる。

出会い方

本来、雪国の植物で、東北の日本海側のブナ林などによく咲いている。雪国以外では、丘陵や山の雑木林の北斜面など涼しい場所に部分的に残っている。関東付近では早い所で3月中旬から咲き出す。晴れて暖かい日しか大きく開かないので、天気も考慮した方がよい。特徴的な斑のある1、2枚の長楕円形の厚い葉で気がつくこともある。人気の花なので、開花情報を出している場所もある。

下向きの花と2枚の長楕円形の葉。

スミレの仲間　菫

アケボノスミレ
分類：スミレ科
草丈：5～10cm
花期：4～5月、多年草
場所：山地の明るい林内や林縁

曙色のアケボノスミレ。

山地に咲くアカネスミレ。

姿と魅力

春のさわやかさの象徴のような花。春一番から紫やピンク、白や黄色などの花を、可憐に咲かせる。いろいろな種があり、花の形は似ているが、色や葉の形、花茎の伸び方などに違いがある。共通的な特徴として、花弁は左右対称に5枚あり、後方には長く突き出た「距（きょ）」と呼ばれる筒状の部分がある。また、下の花弁には放射状の線が目立つ部分がある。これは虫に蜜がある入口を知らせるガイドマークの「蜜標（みつひょう）」になっている。

様々な仲間

国内で50種程自生し、品種まで区別す

ると220種程あり、標高での違いや地域特有なものなど様々な種がある。例えば、低地や低山に咲く紫色の花では、ハート形の葉のタチツボスミレ、アカネスミレ、コスミレ、スミレサイシン、スミレ、白色ではニョイスミレ、マルバスミレ、フモトスミレ、白に紫の混じるアオイスミレ、ナガバノスミレサイシン、淡いピンク色のエイザンスミレ、ヒナスミレ、黄色いキスミレなどがある。

山地で咲く紫色の花では、日本で最も大きな花のサクラスミレ、白色ではシコクスミレ、紅紫色のアケボノスミレなどがある。亜高山や高山に咲く紫色の花では、ミヤマスミレ、黄色のキバナノコマノツメ、タカネスミレなどがある。

生き方

スミレの花は、後方に突き出た距に蜜があり、昆虫が蜜を吸おうとすると距の入口の雌しべに触れて受粉する。先が膜に

薄くピンクがかったヒナスミレ。

様々な場所に生えるタチツボスミレ。

亜高山に咲くナエバキスミレ。

最も大きく「スミレの女王」と
呼ばれるサクラスミレ。

タチツボスミレ	
分類：スミレ科	
草丈：5〜15cm	
花期：3〜5月、多年草	
場所：丘陵から山地の林下や道端	

サクラスミレ	
分類：スミレ科	
草丈：8〜15cm	
花期：4〜6月、多年草	
場所：山地の草原や明るい林内	

なった5枚の雄しべが重なり、雌しべを包み、虫が雌しべの先端に触れるだけで中の花粉がこぼれてくる。

また、春の花が終わった後、夏以降にも「閉鎖花」という実のような花をつける。それは、つぼみの形に閉じたままの花で、その中で雄しべから伸びた花粉管が直接雌しべの中の卵細胞に到達して受精するようになっている。

種まきも工夫している。種子が入った実が3つに分かれて開くと、実の皮が徐々に狭まってきて、その圧力で種子が飛んでいく。種子には甘いエライオソームという物質がついていて、アリがそれを食べようと離れた巣に種子ごと持ち帰り、

葉が細く裂けているエイザンスミレ。

種子を巣の近くに捨ててくれる。このため、岩の間や木の根の隙間など意外な所からスミレが生えてくる。

出会い方

種によって自生する場所や咲く時期が違っているので、それを知って探すとよい。例えば、タチツボスミレは平地から山地に広く分布し、アケボノスミレは低山などの林内に咲き、サクラスミレは山地の草原に咲く。また、開花する時期は、標高が高いほど遅いが、同じ低地でもアオイスミレは3月初旬と早く咲き、ニョイスミレは遅く6月でも残っていることがある。

明るい方向に花を向けるので、林縁で道側に向いていることが多い。そのため、道端の低い位置をちらちら見ながら歩くと見つけることができる。区別が難しい種もあり、花の色や葉の形の他、地上茎の有無、花弁、距、萼などの形、毛の有無などで区別することもある。

イワウチワ　岩団扇

分類：イワウメ科
草丈：5〜15cm
花期：4〜5月、多年草
場所：山地の林内や岩場（本州）

細い切れ込みがあるさわやかな花。

姿と魅力

花弁の縁に切れ込みがあるさわやかな花。すーっと伸びた花茎に3cm位の花がラッパ状に開き、薄らとしたピンクや透き通るような白色でそれぞれに美しい。5つの雄しべの先のクリーム色の葯がアクセントになっている。葉は厚く光沢があり、丸っぽく、先がやや平らになっている。その形がうちわに似ていて岩場に生えるので「イワウチワ」の名がある。山の岩が多い場所を、可憐な花で飾ってくれる。

生き方

中国地方以北の本州で、山地帯の林内や岩場の日影などに分布する。常緑の多年草で、咲く場所は山の北側斜面の岩場など日当たりが悪い厳しい環境だ。過去から寒冷な場所で育ったので、現在もこのような場所に限定されている。4〜5月に葉の間から5〜15cmの花茎を立て、花を1つつける。花は漏斗状鐘形で横向きに咲き、縁には細かい切れ込みが入る。花弁が一つにつながった合弁花なので、花後は、漏斗状のまま、まとまって落ちる。

出会い方

咲く場所は、乾燥したやせ尾根の岩稜帯などの北斜面や半日陰地だ。小さな花なので、地表近くを気をつけて探す。特徴的な葉で分かることもある。開花期間は短く、関東付近の低山では4月上旬から中旬に見られ、高地や寒冷地ほど遅い。この花が自生する場所は、あまり多くないので、できれば事前に情報収集をするとよい。

うちわのような丸っぽい葉。

イワカガミの仲間 　岩鏡

イワカガミ

分類：イワウメ科

草丈：10 〜 20cm

花期：4 〜 7月、多年草

場所：山地から亜高山の岩場や
　　　草地

アカバナヒメイワカガミ。

姿と魅力

細かい切れ込みがあるピンクの可憐な花。すーっと伸びた茎の上部に漏斗状の花をいくつかぶら下げるようにつける。花の中には５つのクリーム色の丸い葯があり、花の入り口をふさいでいる。

様々な仲間

この仲間にはイワカガミとヒメイワカガミがあり、これらの変種に高山に咲くコイワカガミや日本海側に咲くオオイワカガミ、赤い花のアカバナヒメイワカガミなどがある。花の形は似ているが全体の大きさや葉の形などが違う。

生き方

共通して、常緑の多年草で、葉の形は円形または卵形で鋸歯がある。光沢がある葉で、岩が多いところにあるので「岩鏡」と言われる。長い花茎に複数の花をつけ、花は漏斗形で、花弁の縁は細かく裂ける。

大きな虫は雄しべが、小形の虫は蜜の手前の仮雄しべが邪魔で中に入れず、長い口吻を持つマルハナバチ類しか吸蜜できない。葯の横に口吻を差し込むと葯が開き、花粉が口吻につく。このように昆虫を選んで受粉を確実にしている。

出会い方

山地から高山の林内や岩が多い尾根、また草原で出会う。低い場所では４月から咲き出し、高所や寒冷地ほど遅い。高山では雪解け後、草原や岩場にコイワカガミが咲く。草丈が低いが、茎がすっと伸び特有な形の花なので見つけやすい。花がなくても光沢のある葉で存在が分かる。

高山に咲く
コイワカガミ。

シラネアオイ　白根葵

分類：キンポウゲ科
草丈：20 〜 30cm
花期：5 〜 7月、多年草
場所：山地や亜高山の林内の陰地

落葉広葉樹林にさわやかに咲く。

姿と魅力

透き通るような薄くて柔らかな花。気品ある姿、そして薄い紫、濃い紫、薄いピンクなど微妙に違う彩りが、落葉広葉樹林のさわやかな緑と溶け込んで、すがすがしい景色を見せてくれる。黄色い雌しべと雄しべが真ん中に丸く集まっているのも面白い。深山の植物だが人気が高く園芸種としても栽培されている。

生き方

本州中部以北の主に日本海側の山地や亜高山のやや湿り気のある所に分布する。地下茎が横に伸び、そこから地上茎と根生葉を出し、地上茎には花を1個咲かせる。花には花弁はなく、花弁のような萼片が4個つき、花の径が5 〜 10cmと大きい。花色が多様で、淡い青紫色が多いが、淡紅色から青紫色や白色もある。多数の雄しべが中央に丸く集合していて、その中に2個の雌しべがある。葉は、掌状で15 〜 30cm 程になり7 〜 11くらいに裂けている。果実は2個の袋果が中央で合着し、プロペラのような形をしている。

出会い方

雪の多い地方の山林や渓流沿いで窪地や木陰などの陽があまりあたらない場所に生えている。雪国ではブナ林によくある。花は大きいので咲いていればすぐ分かる。雪が解けた後に咲き、低山では5月頃、山地では6月頃が見頃になる。カエデ類のような掌状の大きな葉も目立つ。ニホンジカの食害を受けやすく、多雪地以外のシカの生息地では、自生のものはあまり見られなくなっている。

花によって微妙に色が違う。

ミスミソウの仲間 三角草

オオミスミソウ

分類：キンポウゲ科	
草丈：10 〜 15cm	
花期：3 〜 4月、多年草	
場所：本州日本海側の山地の樹林内	

林床を様々な色で彩るオオミスミソウ。

姿と魅力

白や紫、ピンクなどいろいろな色で咲き、地面を美しく彩る。白からピンクなどに変化するグラデーションの花もある。また、花の大きさや萼の枚数も異なり、とても変化が多く、驚く。花の真ん中には、小さな粒のような黄色い雌しべが半球状にあり、周りに青や紫の雄しべの葯が囲んでいる姿もきれいだ。

様々な仲間

ミスミソウは本州中部以西の落葉樹林内に生息し、変種のオオミスミソウが本州

「氷河期時代の生き残り」のオオミスミソウ。

の日本海側に、スハマソウが本州、四国にある。これらを合わせてミスミソウや雪割草と呼ばれている。

生き方

花弁状の萼片は色の変異が多く、数や幅も変化があり、様々な姿の花がある。ミスミソウの花の直径は1 〜 1.5cmで、オオミスミソウはやや大きく、色が多様で2色や筋が入ったものもある。葉は常緑で厚く、三角形に近く、3つに裂け先が尖る。また、氷河期時代の生き残りで、その時代に広く分布したオオミスミソウが本州日本海側に残り、太平洋側ではミスミソウ、離れてスハマソウが残ったと言われている。

出会い方

生息地域が異なるが、どの種も山地の樹林で早春に咲く。草丈が低いので林床を探し、花が咲いていれば目立つ。また、花が咲いてなくても、3つに分かれた三角形に近い葉の形で分かることもある。

ツツジの仲間 躑躅

レンゲツツジ
分類：ツツジ科
樹高：0.5～2.5m
花期：5～7月上旬
場所：丘陵から山地の草原や林縁

花を輪状につけるレンゲツツジ。

ミツバツツジの仲間のトウゴクミツバツツジ。

淡い紅紫色のムラサキヤシオツツジ。

姿と魅力

まだ冬枯れの森の中で、他の木の葉が開く前に咲くミツバツツジは、赤紫色の花が目立ち、すがすがしい春の訪れを感じさせてくれる。また、ヤマツツジのように木全体を赤色の花で飾るもの、レンゲツツジやシャクナゲのように輪状に花をたくさんつけるもの、アカヤシオのように花弁が平たく薄紅紫色のもの、ヨウラクツツジのようにつぼ型の花が下向きに咲くものもある。それぞれが花のつき方、色、形が異なり、美しい。

様々な仲間

ツツジの仲間は、日本に約60種あり、変種も多く、限定した地域に自生するものも多い。

野生の主な種として、ヤマツツジは、常緑で、全国に多く見られ、地域ごとに変種や品種がある。神奈川県以西の川岸の岩場に咲くサツキは、盆栽として多数の品種が作られている。

ミツバツツジは、関東と中部に見られ、落葉性で、葉よりも先に赤紫色の花が咲き、3枚の葉が枝先に輪生している。他の地域にも固有の種がある。

レンゲツツジは、本州、九州の草原で、葉と花が同時に展開し、枝先に輪状に朱色の花を多数つける。ハクサンシャクナゲなども輪状にたくさんの花をつけるが、葉が常緑で照りがある。関東以西の岩尾根に見られるヒカゲツツジは常緑で淡黄色の花をつける。

アカヤシオ、シロヤシオ、ムラサキヤシ

白花を輪状につけるハクサンシャクナゲ。

やや平たい花弁のアカヤシオ。

オツツジ、アケボノツツジなどの花は花弁が平たく広く開く。
ヨウラクツツジの仲間はコヨウラクツツジ、ウラジロヨウラクなどがあり、山地で下向きのつぼ型の花を咲かせる。

広く見られるヤマツツジ。

生き方

疎林や林縁、岩場などの日当りのよい場所に生育していることが多い。
葉は互生で、常緑性と落葉性があり、花弁が一つにつながった合弁花で、春先から初夏にかけて先が5つに裂けた漏斗状の花を枝先につける。色は様々だが、上側内面に虫への蜜標となる斑点があるものが多い。
多くの種は横向きに咲き、漏斗状の花から突き出た雌しべや雄しべは、蜜を吸いにきた蝶の翅にちょうど触れるような位置にある。花の色も蝶が好きな赤系が多

つぼ型の花のウラジロヨウラク。

く、蜜は蝶の口吻しか入れないよう細い穴になっている。さらにツツジの花粉は細い粘っこい糸でつながっているので、鱗粉に覆われている蝶の翅にもくっついて運ばれていく。

出会い方

種によって咲く場所や時期が違っているので、それを知って歩くとよい。例えば、ヤマツツジやミツバツツジは関東付近で4月から山地の林や尾根などに広く見られ、アカヤシオは4月下旬前後に岩の多い尾根などに咲き、レンゲツツジは6月頃に高原の草原に見られる。野山を歩いていると、花が咲いていれば目立つので見つけやすい。また、頭上に花がある木では、地面に花が落ちていて気がつくこともある。コヨウラクツツジなどは花が小さいのでよく見ないと気がつかない。大きく目立つ樹木なので、生息場所は覚えやすい。

イチヤクソウの仲間 一薬草

群生するベニバナイチヤクソウ。

ベニバナイチヤクソウ

分類：ツツジ科

草丈：15〜25cm

花期：6〜7月、多年草

場所：中部地方以北の亜高山帯
　　　の林内

曲がった花柱が下に飛び出す。

姿と魅力

真ん中から曲がった花柱が飛び出している下向きのカップ状の花。イチヤクソウの仲間は林の中で小さな花を可憐につける。白い花の種が多いが、ベニバナイチヤクソウは味わいのある薄紅色で、群生して連なる光景は幻想的だ。

様々な仲間

日本には7種あり、イチヤクソウは低山や丘陵のやや明るい林に、マルバノイチヤクソウは山地に、コバノイチヤクソウ、ベニバナイチヤクソウなどは中部地方以北の亜高山帯の針葉樹林に生える。

生き方

常緑の多年草で6月頃から開花する。葉は縁に細かな鋸歯があり、種によって形が違う。花茎は葉の間から直立し、数個の花をつける。花は下向きの5つに裂けた広鐘形で、花柱が葯の下にあり曲がっ

ているので、自分の葯から落ちる花粉で自家受精しやすくなっている。根が周りの樹木の根と菌のネットワークでつながっていて栄養をもらえるしくみになっている。そのためあまり明るくない場所でも育つ。

出会い方

亜高山の針葉樹林に咲く種が多く、林下のやや暗い場所にも生えている。毎年同じ場所に咲くので、生息地を事前に知っていると探しやすい。6〜7月に地面近くの低い位置に1cm位の小さい花をつけるので、よく地面を見ながら歩くとよい。特徴的な丸い葉で分かることもある。ニホンジカがあまり食べないので、シカの棲む地域でも見られる。

白い花のコバノ
イチヤクソウ。

スズラン　鈴蘭

分類：キジカクシ科
草丈：20〜35cm
花期：4〜6月、多年草
場所：山地や高原の草地

V字の葉の下に花を連ねる。

姿と魅力

釣り鐘のような姿が愛らしい。Vの字に立ち上がった葉を背にして、1cm位の純白の花がいくつか連なり、茎にぶら下がって咲く。花は、一つの鐘状の花弁で、先の方が切れ込んで分かれて、外側に反り返っている姿がとても可愛い。かすかに甘い香りがする。日本には、この野生のスズランのほか、園芸用に栽培されたドイツスズランがよく植栽されており、日本のスズランに比べ大型で、花が葉の上にある。

生き方

本州中部地方以北の山地と北海道では平地にも自生する。寒冷な場所の日当たりのよい草原や木がまばらな林内に生える。この花は花粉を運ぶ昆虫を下向きの花に止まれるハナバチの仲間に限定することで受粉の可能性を高めている。果実は6mm程の球形の液果で、秋に赤く熟す。

細長い地下茎を横に伸ばして繁殖し、群生する。全草が有毒で、人が食べると痙攣や呼吸困難、心不全などを起こす。これは動物に食べられないための性質で、ニホンジカもあまり食べない。

出会い方

山地の草原や明るい林床で、葉の下に小さい花を咲かせるので、地面近くをよく見て探す。V字の葉で気がつくことも多い。関東周辺の高原では5月下旬から6月が見頃となる。人気のある花なので、自生地の情報はホームページなどに出ていることがある。

外側に反り返る
花弁が可愛い。

ランの仲間 蘭

鳥が羽を広げたような花のハクサンチドリ。

ハクサンチドリ

分類：ラン科

草丈：20 〜 35cm

花期：6 〜 8 月、多年草

場所：亜高山から高山帯の湿り
　　　気のある草地

山地に咲くノビネチドリ。

姿と魅力

魅惑的な花を咲かせるランの仲間。色や形が個性的な種が多く、昆虫はもちろん、人間も惹きつけられる。花は左右対称で、花弁は横にある２枚の側花弁、中央下にある１枚の唇弁、背と横にある３枚の萼からなり、唇弁は特異な形や模様をしている。それぞれの種が特定の虫に対し吸蜜に誘うため唇弁を目立たせている。

様々な仲間

ランの仲間は日本に 230 種程あり、美しいものが多い。山で紫色に咲くハクサンチドリなど「チドリ」と名のつくランはたくさんの花をつけ、小さな花は尖った

里に咲く
キンラン。

側弁が斜めに伸びて鳥の羽のような形をしている。湿原には紅紫色のトキソウや柿色のカキランなどがひっそりと咲いている。里にはキンランが鮮やかな黄色に咲き、ギンランは白く小さく清楚な姿をしている。森の中には林床に咲くイチヨウランなどの他、マメヅタラン、セッコクのように木の幹や岩にくっついて生き、黄色や白の花を咲かせるランもある。また、ムヨウラン、ショウキラン、マヤランのように葉がなく、地面から茎だけが伸び、黄色や桃色の模様を見せるランもある。

生き方

春から夏の昆虫の活動が活発な時期に咲く。唇弁の奥に蜜があり、それを虫に知らせるよう唇弁に模様がついている。また、虫が歩きやすいよう唇弁の内側の上に毛が生えているものもある。虫が花に入ると、背中の位置にある雄しべと雌しべが合体した、ずい柱に触れ、花粉をや

早春の雑木林に咲くシュンラン。

珍しい柿色のカキラン。

シュンラン	
分類：ラン科	
草丈：10〜25cm	
花期：3〜4月、多年草	
場所：落葉樹林内の乾いた場所	

トキソウ	
分類：ラン科	
草丈：10〜30cm	
花期：5〜7月	
場所：日当りのよい湿地	

湿原に咲くトキソウ。

りとりする。この細い入口から入れるのは、ハナバチの仲間などに限られ、虫を特定することで受粉の確率を高めている。また、通常の植物は葉で光合成を行い栄養を得ているが、ムヨウランやショウキランのような葉がない種は、地下茎の中にいる菌を介して木から栄養をもらっている。また、葉で光合成を行うランでも、同じように他の木から栄養をもらっているものもある。

ランの仲間は、植物の中でも最後の方に出現したもので、虫に入ってもらうための独特な姿や外部から栄養をもらう効率的な仕組みは、長い年月の植物の進化で獲得した性質である。

出会い方

種によって咲く場所や時期が異なるので、それを知っているとよい。

亜高山や高山の草原や湿原には、ハクサンチドリやテガタチドリ、ノビネチドリなどが6月頃から咲き、まっすぐ伸びて草丈が高く、目立つ。低山から山地の林下にはシュンランが3月下旬から、キンランは4月から咲く。他にも5〜8月にかけて林下にはギンラン、サイハイラン、イチヨウランやムヨウラン、トンボソウなど様々な種が咲く。また、湿地にはトキソウやカキランなどが6〜7月頃に他の草の間に咲いている。

全般的に、草丈が低く小さな目立たない花で、数も少ないので、見過ごさないよう地面近くをよく見て歩くとよい。周りと違う気になるものを確かめるとランということがある。木の幹や岩にも、着生ランが咲いていることもある。

種によっては人間に盗掘されることもあるので、希少種の生息場所の情報は広げないようにしたい。

葉がない
ショウキラン。

アヤメの仲間 菖蒲

花弁に網目模様があるアヤメ。

アヤメ

分類：アヤメ科

草丈：30 〜 60cm

花期：5 〜 7 月、多年草

場所：山野の草原や林縁

湿地に咲くカキツバタ。

姿と魅力

山の草原で、すーっと草の上に顔を出す青紫の花。大きな花が点々と咲く光景は草原を美しく飾る。花は 3 枚の垂れ下がる花弁と上に立ち上がる花弁があり、その組み合わせが面白い。垂れた花弁にはアヤメ特有の網目模様がある。

様々な仲間

アヤメの野生の仲間は日本で 6 種程ある。カキツバタは湿原に咲き、花弁の模様が白く細い線状の斑紋だ。ノハナショウブはやや湿り気のある草原に咲き、花弁が少し赤っぽい。さらに上に立つ花弁が目立たないヒオウギアヤメや、シャガを小さくしたようなヒメシャガなどがある。

生き方

どの種も花は 3 個の下に垂れ下がる外花被片と 3 個の上にある内花被片があり、内花被片は直立するものと目立たないも

のがある。外花被片の真ん中の模様は蜜のありかを示している。花柱は外花被片の上にかぶさり、その下に張り付くように葯がある。昆虫が蜜を吸いに花柱の下にもぐりこむと昆虫の背が柱頭や葯に触れて花粉が運ばれるようになっている。

出会い方

アヤメは、6 月を中心に山野の草原で出会う。尾根道などやや乾いた草地でも見られる。カキツバタやノハナショウブは湿原やその周りに咲く。人気の花なので現地の開花情報があれば載ることがある。なお、ニホンジカが多い場所では食害を受けていて、関東以西は生息地が減っている。

赤みのある花のノハナショウブ。

ハクサンフウロ

分類：フウロソウ科	
草丈：30 ～ 60cm	
花期：7 ～ 8 月、多年草	
場所：亜高山から高山の草地	

フウロソウの仲間 風露草

淡紅色が美しいハクサンフウロ。

花弁が反り返るグンナイフウロ。

山梨県周辺に咲くカイフウロ。

姿と魅力

薄紅紫がさわやかな花。高原などでよく目にし、ギザギザの葉の上に平たく丸っぽい花をつける。花弁には赤紫の放射状に脈がある。よく見ると雄しべの薬が目立ち、雌しべが見えない花と逆に雌しべが開いている花がある。

様々な仲間

日本では 10 数種自生している。中部以北の本州の高原や高山には紅紫色のハクサンフウロや色がやや薄いタチフウロが分布する。長野県にはやや濃い紅紫色のアサマフウロが咲く。東海地方以西には花弁の赤紫のスジが網目模様のシコクフウロが、山梨県周辺にその変種カイフウロが分布する。亜高山には花弁が反り返るグンナイフウロ、平地や低山にはゲンノショウコやミツバフウロが、北海道や東北にはチシマフウロなどが分布する。

生き方

多年草で、夏から初秋に花が咲き、花弁は 5 枚、中央に花柱と雄しべがある。開花した時は、雄しべの薬が目立つ雄花の状態で、花粉がなくなると薬は散り、真ん中の花柱が開き雌花になる。時期をずらして自家受粉を避け、他の株の遺伝子を取り込もうとしている。

出会い方

高原などの草原や山地の明るい道端などで出会う。ハクサンフウロやアサマフウロなどは、株や花も大きいので目立つ。7 月から咲きだし、8 月が見頃。低地のミツバフウロなどは 10 月まで咲いている。

山地の草原に咲くタチフウロ。

イワタバコ　岩煙草

分類：イワタバコ科
草丈：6〜15cm
花期：6〜8月、多年草
場所：渓谷の湿った日影の岩場

星型の淡紫色の花。

姿と魅力

暗い谷間に輝くような星の形の花を咲かせる。イワタバコは陽がほとんど入らない深い谷の湿った岩壁に張り付き、うつむくように淡い紫色の花をつける。岩と水の厳しい環境に彩りを与えている。星型の花弁の真ん中に、糸状の花柱が飛び出している形も面白い。

生き方

本州以南の渓谷や谷沿いの湿った日影の岩場に群生する多年草。土のない岩に常時張りついているので「着生植物」とも言われ、根茎状の短い茎がひげ根を出して岩に固着している。葉は長さ10〜30cmと大きく、楕円状倒卵型でしわと表面につやがある。この葉がタバコの葉に似ているのでこの名前になった。薄暗い場所でも大きな葉を開いて少ない光を得ている。6〜8月に花茎を伸ばし、直径1.5cmの紫色の花をつける。花柱が花から出っ張り伸び、その周りを5個の雄しべがとり囲んでいる。

出会い方

渓谷の水っぽい垂直に近い岩で小さな紫色の花か楕円状の長い葉を探す。葉があれば、同じ場所で群生するので、よく探すと花をつけている株がある可能性がある。毎年、滝の下など狭い限定した場所に咲くので、その場所を知るとよい。

関東周辺で7月上旬頃から咲き始め、深山では8月中旬頃が見頃となる。同じ株でも一輪の開花が数日で、一斉に咲くことが少なく、終わった花が混じらない早い時期の方がきれいに見える。

湿った岩壁に張り付いて咲く。

オダマキの仲間　苧環

ヤマオダマキ

分類：キンポウゲ科
草丈：30 〜 60cm
花期：6 〜 8 月、多年草
場所：山地の草地や林縁

山地の草原に咲くヤマオダマキ。

高山に咲くミヤマオダマキ。

姿と魅力

下向きに広がるドレスのような花。柔らかなクリーム色や青紫色で緩やかに広がる花弁や萼が、華麗な衣装を連想させる。筒状の花弁の上に色づいた萼片がかぶさり、細い距がすーっと上に伸び、先端がくるりと曲がっている。どうしてこのようになったかと思うほど不思議な形だ。

様々な仲間

全国の山地の草原や林縁などで、萼が紫褐色で花弁が淡黄色のヤマオダマキや、萼も淡黄色のキバナノヤマオダマキが咲く。中部以北の高山や北海道では、萼が青紫色で花弁が青紫から先の方が白色のミヤマオダマキが咲く。この花は人気があり園芸栽培もされている。

生き方

蜜は花の上に伸びた細い距の奥にある。この奥の細い部分に口が届く虫は、下向きの花に止まれる口が長いマルハナバチの仲間だ。花の形が虫を選び受粉の可能性を高めている。咲き始めの花は雄しべだけがある雄花で、やがて柱頭が伸びてきて雌しべのある雌花に性転換する。こうして同じ花での受粉を避けている。

出会い方

ヤマオダマキなどは山地の草原や明るい林縁に点々とあることが多く、草丈が高いので咲いていれば分かる。6 月から咲き、高所では 8 月でも見られ、花期は比較的長い。ミヤマオダマキは高山帯の稜線付近や岩礫地や草地などに咲き、数は多くないが、青紫の花が目立つ。

萼も淡黄色の
キバナノヤマ
オダマキ。

サクラソウの仲間 桜草

ユキワリソウ

分類：サクラソウ科

草丈：10〜15cm

花期：5〜7月、多年草

場所：亜高山や高山の湿った草地や岩場

高山の湿った草地に咲くエゾコザクラ。

花をたくさんつけるユキワリソウ。

さわやかな白花のヒナザクラ。

姿と魅力

まっすぐ伸びた茎の先の可憐な花が草地を飾る。高山ではユキワリソウやハクサンコザクラなどが、淡い紅紫色で中心の輪が黄色い花をたくさん咲かせる。ヒナザクラは清楚な白花でさわやかだ。山地の渓流沿いではクリンソウの花が何段かに分かれて輪状に咲き、豪華である。

様々な仲間

日本で14種と11ほどの亜種が生息する。高山から亜高山ではエゾコザクラ、ヒナザクラ、ユキワリソウなどが咲き、山地にはクリンソウ、カッコソウ、イワザクラなどが分布し、平地などにはサクラソウが生息する。地域固有なものもある。

生き方

茎の先端に複数の花をつける。直径2cm程の花で、一つにまとまった筒状の花弁が先端に向けて5つに裂けて広がり、さらに2つに裂けている。雌しべが短く雄しべが上にある短花柱花と、雌しべが長く雄しべが下にある長花柱花の2タイプがあり、近親交配を避けるようになっている。

出会い方

湿り気の多い場所に咲き、ユキワリソウなど高山の種は、雪田や雪渓近くの雪が解けた場所に生えている。クリンソウは渓流沿いなど湿った所に咲き、草丈が高いので目立つ。ニホンジカが食べないのでシカの生息地でも見られる。どれも咲いていれば、茎がまっすぐ伸びて花が顔を出しているので分かりやすい。

渓流沿いに咲くクリンソウ。

分類：ケシ科	
草丈：5〜15cm	
花期：7〜8月、多年草	
場所：高山帯の砂礫地	

コマクサ 駒草

バイオリンのような形の花。

白い花のコマクサ。

高山の砂礫地に生える。

姿と魅力

ピンク色のバイオリンのような花が面白い。高山の他の植物がほとんどない石ころだらけの地面に、ユニークな形の花を咲かせる。厳しい環境に可憐で気品のある花を咲かせるので「高山植物の女王」と呼ばれている。一株に数個の花を下向きにつけ、花弁は4枚で、外側の1対は茎側がハート型に丸くふくらみ、先が外側に反り返って上を向く。内側の1対は軽く合わさり、細く突き出ていて、中に雄しべ、雌しべが入っている。

生き方

北海道から中部地方の高山帯に分布し、他の植物が生えない風化した痩せた砂礫地に生育する。根を1m位まで長く伸ばしていて、痩せた地面でも水や栄養分を得ることができ、雪解け水などで砂礫が動いても流されないようになっている。

花は、かすかに甘く香り、香りと花弁の色で昆虫を引きつける。蜜は外側の花弁のつけ根にあり、昆虫が蜜を得るには花の下から潜り込む必要があり、それができるのはマルハナバチの仲間である。虫を特定して繁殖の可能性を高めている。

出会い方

自生地は北アルプスや八ヶ岳、東北や北海道の山など全国で20座ほどしかないので、咲いている山を調べて登るとよい。概ね7月に尾根の上など緩やかな斜面で、植物がほとんどない小さな石ころだらけの地面に咲く。小さいので注意しないと見過ごすことがある。人気種なので植栽されている場所もある。

厳しい環境でたくさんの花をつける。

レンゲショウマ 蓮華升麻

分類：キンポウゲ科
草丈：40～100cm
花期：7～9月、多年草
場所：山地の落葉広葉樹林

細い茎からぶら下がって咲く花。

姿と魅力

薄桃色の傘がある壺のような薄紫の花。シャンデリアのようでもあり、美しい。葉は地上近くにあり、長く伸びた細い茎からポツンポツンと花がぶらさがっている姿は情緒的でもある。8月頃、山の森に花が少ない時期に咲き、森の緑を背景に癒される光景を見せてくれる。

生き方

東北南部から近畿の太平洋側の山地で、落葉広葉樹林の林下の日陰に自生する。直立した茎を40cm以上伸ばし、上部が緩やかなカーブで曲がり、まばらに花をつるす。花は下向きにつき、淡紫色で径3～4cmほど。外側に、傘状に花弁のような萼片がある。萼で囲まれた真ん中に花弁が多数あり、先端が紫色の壺の形をしている。花弁の付け根に蜜があり、蜜を吸えるのは下向きにも止まれるマルハナバチの仲間である。花の形で虫を選び、受粉をより確実にしている。

出会い方

概ね標高1,000mの山地の落葉広葉樹林で、あまり日があたらない場所に生えている。長い茎を伸ばし先に白っぽい花があるので目立つ。関東付近では7月下旬から咲き始め8月中旬が見頃となり、9月まで残る。花は株の上から咲いていき遅いと終わった花があるので、早い時期の方がきれいだ。ニホンジカの影響もあり個体数が減っていて生息場所も限定されている。人気種なのでホームページなどに開花情報を載せている場所もある。

壺型の花に薄紫の萼がかぶる。

コオニユリ

分類：ユリ科	
草丈：30 ～ 60cm	
花期：7 ～ 9 月、多年草	
場所：山地の草原	

ヤマユリ

分類：ユリ科	
草丈：100 ～ 150cm	
花期：6 ～ 8 月、多年草	
場所：山地の林縁や草地	

ユリの仲間　百合

草原に咲くコオニユリ。

山地に咲くクルマユリ。

姿と魅力

夏の草原を華やかに飾るクルマユリやコオニユリ。とろけそうなオレンジ色の漏斗状の花がきらびやかに咲く。花被片には褐色の斑点が散らばる。低山には一回り大きい径が 23cm 位のヤマユリの花が、斜面から斜めに伸びた長い茎の先に咲き、華麗な姿を見せる。どれも花被片は 6 枚で内側 3 枚が花弁、外側 3 枚が萼で反りかえり、雄しべ、雌しべが突き出る。

様々な仲間

日本に 15 種あり、亜高山や高山の草地にクルマユリが、山地の草原にはコオニユリが咲く。近畿以北の山地の林縁や草地にはヤマユリ、本州の海岸近くにスカシユリ、九州と沖縄のノヒメユリ、四国や九州のカノコユリ、中部以西のササユリ、南東北のヒメサユリなどがある。

生き方

多年草で、茎を高く伸ばし、7 ～ 8 月頃に大きな花を咲かせ、冬は地上部が枯れる。主な送粉者は大型の蝶。花の大きさが蝶と同じ位で、色も蝶に目立つようだ。また雄しべの先に葯が T 字型についていて、蝶の翅が触れるとくるりと回り、翅にピタッと接する。さらに花粉は、粘り気があるので、翅の鱗粉にべったりとつく。

出会い方

種によって咲く場所を覚えておくとよい。例えば、クルマユリやコオニユリは山地の草原の道端で見かけ、オニユリは低山の斜面に突き出るように咲いている。どの種も草丈が高く、大きな花なので、よく目立つ。

薄紫色のササユリ。

シモツケソウ　下野草

分類：バラ科
草丈：30～100cm
花期：7～8月、多年草
場所：低山から亜高山の日当り
　　　のよい草原

草原を飾る小花がたくさんの花。

姿と魅力

夏の草原でふわふわした綿のようなシモ
ツケソウが目をひく。白やピンクの小さ
な花が散りばめられて広がったようで美
しい。一つ一つの花は5mm位で、雄しべ
が線状に出ている。また、つぼみは丸く
かわいい。丸いつぼみと、はじけるよう
な雄しべの線が広がり、まるで線香花火
の輝きのようにも見える。やわらかくき
れいな色、そのすらりとした姿の美しさ
から「高原の女王」とたたえられている。

様々な仲間

シモツケソウは本州の関東地方以西と四
国、九州の山地、亜高山の草地や沢沿い
に生息する。他に、中部以北に白色のオ
ニシモツケや北海道には淡紅色のエゾノ
シモツケソウなどが自生する。

生き方

茎の先に紅色または白色の小さな花を密
につけ、花弁は4～5枚で、雄しべが長

く飛び出ている。花のまとまりは大きく
見え目立ち、小さな花をたくさんつけ、
その花一つ一つに蜜があるので、昆虫に
好まれ、大小様々な昆虫が訪れる。シモ
ツケソウにとっては花の上を昆虫が歩く
だけで長い雄しべに触れ、花粉を運んで
もらえる。

出会い方

高原の草地に行けば、他の草の上に目立っ
て咲くので、すぐ分かる。夏のスキー場
で咲いていることがある。葉が大きく、5
～7に裂けて手のひらのようなので、そ
れでもあることが分かる。中部地方の高
原では8月上旬頃が見頃である。

丸いつぼみと飛
び出た雄しべが
目立つ花。

コウリンカ 紅輪花

分類：キク科
草丈：50 〜 60cm
花期：7 〜 9 月、多年草
場所：山地の日当りのよい草原

草原に咲く柿色の花。

姿と魅力

枯れかかっているようにも見える花。コウリンカは、オレンジ色の細い花弁が周りに反り返って垂れていて、もう終わっているのではないかと思うような花を咲かす。しかし、よく見ると夕やけのように味わいのある色で魅力がある。その色は柿色とも言われる濃い橙黄色で、細い外側に広がる花弁が輪のように見える。そのため、紅い車輪にみたてて「紅輪花」と書かれるほか、放射状の光の輪のように見え「光輪花」とも言われる。確かに、たくさんの花弁がはじけるように咲く姿は花火の輝きのように見える。

生き方

本州の福島県以南に分布し、山地の日当りのいい草原に自生する。茎は枝分かれしないでまっすぐ立つ。茎の先に数個の花をつけ、花の中心部は筒状の花が集合したもので、周囲に 10 〜 20 枚の舌状の花弁が下へ垂れてついている。これらは小さな花の集合で、それぞれが蜜で昆虫を誘うので、多くの昆虫が訪れ、花粉を媒介している。

出会い方

本州の日当りのよい山地の草原に咲く。色が目立たず、また、他の草の下にあることもあり、道端をよく見ながら探すとよい。中部地方の高原で 8 月が見頃である。生育地である高地の草原が減っていることから、あまり見られないが、ニホンジカには好まれないようで、シカの生息地でも残っていることがある。

枯れたように花弁が垂れ下がる花。

ツリガネニンジンの仲間　釣鐘人参

ソバナ
分類：キキョウ科
草丈：50〜100cm
花期：8〜9月、多年草
場所：山地の林縁や沢沿い

張り出した茎に円錐状の花をぶら下げるソバナ。

丸っぽい花のハクサンシャジン。

高山に咲くヒメシャジン。

姿と魅力

薄紫色のベルのような花。ツリガネニンジンの仲間はさわやかな花を下向きにつける。ツリガネニンジンは、草原で鐘に似た花を数段に分けて輪状につける。ソバナは、夏の山中で、斜めに茎を伸ばし、円錐状に広がる可愛い花を咲かせる。高山ではツリガネニンジンの花を丸くしたようなハクサンシャジンが咲く。

様々な仲間

日本には12種が生息し、変種は24種ほどある。ツリガネニンジンは全国の山野の草原や林縁などに分布する。変種ではサイヨウシャジン、ハクサンシャジンなどがある。ソバナは北海道を除く山地

輪状に花をつけるツリガネニンジン。

の林縁や沢沿いなどに分布する。他にはヒメシャジン、フクシマシャジン、イワシャジン、モイワシャジンなどがある。

生き方

共通して、多年草で、花は紫色系か白色で、先端が5つに裂ける下向きの釣鐘型または漏斗状鐘型である。花柱が目立ち、雄しべは目立たない。これは、つぼみのうちに雄しべは花粉を花柱につけ、その後、雄しべは枯れるからだ。昆虫が蜜を吸う時、花柱に触れて花粉が身体につくようになっている。

出会い方

それぞれの種が咲く時期と場所を覚えておくとよい。例えば、ツリガネニンジンは、8〜10月に山地や平地の明るい草地に咲く。ソバナは、8月頃、山道の道脇の斜面でよく見られる。ハクサンシャジンは7〜8月に高山の草地に見られる。いずれも草丈が高く、咲いていれば目に入ってくる。

マツムシソウ 松虫草

分類：マツムシソウ科
草丈：60 ～ 90cm
花期：8 ～ 10 月、2 年草
場所：山地の草原

小さな花がそれぞれに咲く。

蝶が群がる草原のマツムシソウ。

姿と魅力

夏から秋、高原を淡い青紫色に彩る花。色が柔らかく、また、外側の長い花弁の縁が波打っていて、色も形も味わいのある花だ。花は大きく目立ち、上向きに咲き、止まりやすいので様々な昆虫が吸蜜に訪れる。鮮やかな蝶が止まると、より華やかになる。小さな花が集まっていて、吸蜜する虫はその一つ一つに口吻を入れる。さらに、その小花が咲いていたり、つぼみの状態であったりと、バラエティがある。高山には、花がより大きく濃い紫色のタカネマツムシソウが咲く。

生き方

山地の草原に生息し、茎は直立して 90cm 程にもなり先端に花をつける。花は夏から秋に咲き、直径 4cm 程で、多数の小花が集まっている。中心部の小花は筒状で、周囲の小花は外側の 3 つの裂片が舌 状 花（ぜつじょうか）

のように長く広がっている。各々の小花は一斉に咲かず、周囲の小花から中心部にかけて咲いていく。さらに、それぞれの小花で、先に雄しべが出て、後に雌しべが長くなる。これにより長い間どこかで小花が咲いている状態が続く。

出会い方

8 ～ 10 月に、山地の日当りのよい草原で探す。草丈が高く花も大きく目立つので、咲いていればすぐ見つかる。中部地方などの高原には普通に咲き、珍しい花ではないが、関東周辺をはじめ、日本では草原自体が少なくなっている。

高山に咲くタカネマツムシソウ。

リンドウの仲間 竜胆

高原に咲くエゾオヤマリンドウ。

リンドウ

分類：リンドウ科	
草丈：20〜80cm、多年草	
花期：9〜11月	
場所：丘陵地や低山の明るい山野	

星型に開くリンドウの花。

高山に咲くトウヤクリンドウ。

姿と魅力

縦に長く、星の輝きのように開く花。リンドウの花は、水色と白色のさわやかなグラデーションが美しく、花弁がとがり星型に見える。身近な野山で、花が少なくなった晩秋に彩りを見せてくれる。

様々な仲間

リンドウの仲間は日本に 17 種ほど知られている。秋に本州以西に咲くリンドウのほか、夏の山の湿原や高原では濃い紫色で草丈が高いエゾリンドウやオヤマリンドウ、エゾオヤマリンドウ、夏の高山では草丈の低いタテヤマリンドウや黄白緑色のトウヤクリンドウが咲く。春の野山では、地面近くにフデリンドウが咲く。

生き方

茎が直立し、主に筒状の紫色または青色系の花を茎の先や葉の脇につける。花弁の先は普通 5 つに裂け、外側に反り返る。

花の中では、最初は雄しべが中央にあり、後で柱頭が現れて雄から雌へと性転換する。花の奥に蜜が出て、昆虫が蜜を吸いに筒の中に入り、花粉が媒介される。この動きができる昆虫は一部に限定される。花は日光を受けると開き、陰ると閉じる。

出会い方

低地から高山まで、場所や季節に応じて違った種が咲くのでそれを知っているとよい。例えば、リンドウは山野で 9 月〜11 月まで明るい場所に咲いている。夏から秋は、他の花が少なくなり、また、花が筒状で比較的大きいので見つけすい。多年草で毎年同じ場所に咲くので、過去の情報を知っておくとよい。

春の野山に咲くフデリンドウ。

センブリ　千振

分類：リンドウ科
草丈：5〜25cm、2年草
花期：9〜11月
場所：日当りのよい山野の草地
　　　や林縁

薄紫色のムラサキセンブリ。　　　　純白で気品があるセンブリの花。

姿と魅力

星が輝いているような花。紫の線がある純白の花弁に気品を感じる。花弁の上の付け根近くに蜜腺があり、丸っぽく緑色になっているのも面白い。これは目立つところで蜜を出して虫を誘っている。

様々な仲間

センブリの仲間は日本で9種程。ほぼ全国に咲くセンブリのほか、関東以西の草地に咲く薄紫色のムラサキセンブリ、湿った場所に生え花弁の先に紫の点があるアケボノソウ、北海道や東北、中部の高山に咲くチシマセンブリ、タカネセンブリ、ハッポウタカネセンブリなどがある。

生き方

センブリは日当りのよい山野の草地や林縁に咲く。2年草で、1年目は小さなロゼット状の根生葉でそのまま越冬し、翌年の夏に茎を直立させ、秋に花を咲かせる。

花は直径2cm程で、花弁の中心近くに蜜が出る蜜腺溝がある。蜜腺溝の周囲に生える細い毛が、虫にすぐ蜜を吸わせず、動き回らせて雄しべや雌しべに触れるようにしている。花は、昆虫が活発に活動する晴天の時に開く。

出会い方

山地の尾根上の明るい林縁や草原で、草丈が低いので、地面近くを探す。花が開く晴れた昼間が狙いどき。花が小さいため注意しないと見逃してしまう。特徴的な網目模様のある小さな葉で気がつくこともある。関東周辺の低山では概ね10月中旬から下旬頃が見頃である。

高山に咲く
ハッポウタカ
ネセンブリ。

蝶について

1．魅力

　たくさんの昆虫の中で、特に蝶はきれいな翅を持つ。自然界でしかないような味わい深い色もあれば、複数の色が組み合わさる模様、透き通るような翅もある。種によっては、表面が光の反射によって輝くものもいて、見る角度によって、地味な色から宝石のように輝く色に変わるものもいる。

　姿もシジミチョウの仲間などのように、小さい身体の割に眼が大きく、触覚の先が丸く、尾の突起があるものがいる。

　蝶は飛ぶので、見つけやすい。その飛ぶ姿もいろいろあり、一直線に飛ぶものは少なく、ジグザグにふわふわ飛んだり、あっちに行ったりこっちに行ったりと飛びまわったり、時々グライダーのように滑空したりと、見ていて楽しい。

2．蝶の特徴

　蝶は飛び回って、主に花の蜜や樹液を吸い、また繁殖相手を探す昆虫で、そのための身体の特徴を持っている。飛ぶための翅は左右にそれぞれ2枚あり、頭に近い方が「前翅」、尾に近い方が「後翅」と呼ばれている。また、開いた時に見える翅の上側が表面で、下側は裏面である。蝶の特徴は次のとおりである。

❶形態的な特徴

　昆虫の共通の特徴として、体は頭・胸・腹の3つの部分に分かれている。蝶は、頭には1対の触角と、1対の複眼を持っていて、この触覚の先が丸いものが多い。ま

た、複眼が身体の割に大きな種がいる。

　翅は鱗粉と呼ばれる鱗状のもので覆われている。これにより複雑な色合いや輝くような光沢を見せている。例えば、ゼフィルスは、オスが翅を広げて青緑色などに輝く表面を見せて縄張りを主張する。

　口は花の蜜などを吸う時に適するストロー状になっていて、「口吻」と呼ばれる。普段はくるりと巻いて小さくなっているが、吸蜜する時に伸ばして、花の奥にある蜜を吸収できる。

　蝶は、花から蜜を吸う時に翅に花粉をつけて他の花に運ぶ役目をしている。そのため、ユリやツツジの仲間のように、特に蝶だけにきてもらおうと、蝶だけが蜜を吸いやすく、翅に花粉をつけやすい形の花もある。

❷変温動物

　蝶は哺乳類や野鳥とは違い変温動物である。自分で体温を保つことができず、外気温により体温が影響を受ける動物である。そのため、身体内で発熱するためのエネルギーを摂る必要がない点はメリットだが、寒い日は筋肉が動きにくく活動できなくなるデメリットがある。その結果、晴れて暖かい日しか飛ばない、陽が陰ると姿を消す、翅を広げ日光で身体を温めてから飛ぶなどの行動が見られる。

❸色の多様さ

　蝶の翅がカラフルな色が多いのは、昼間に活動することに関係している。よく蝶と蛾が比較され、「蝶は翅を閉じて止まり蛾は開いて止まる」、「蝶の触覚の先は丸く

蛾は尖る」など形態的な違いがあると言われるが、例外があり、明確に区別はできない。しかし、「蝶は夜間に活動せず昼間に活動するものが多く、蛾は夜間に活動し昼も暗いところで活動する」という点は、概ねあたっている。

明るい時に活動するため、蝶は視覚を頼りに行動しており、蜜を吸う花も色などで探し、また、繁殖の相手を探したり、縄張りを主張したりするのも、色や模様によっている。天敵に対しても目立たない保護色の場合や、驚かすような動物の目に似せた模様の場合がある。

一方、蛾は主に夜に活動するので、色をつける必要がなく、メスがフェロモン物質を出し、その匂いでオスが寄ってくる。しかし、蛾でも昼間に活動する種があり、その場合は、色がついているものもある。

このように蝶の美しい色や模様は、繁殖の相手探しのためや、天敵に食べられないためのものであるが、人はそれを見て、楽しむことができる。

❹環境の指標

蝶は、環境の状態の指標にもなる。例えば、草原が少なくなると草原に棲む蝶が減る。実際に草原が減っている日本では、絶滅の危機にある草原性の蝶も少なくない。それは、蝶の多くは遠くに移動ができず、また、幼虫の成育が特定の食草に依存しているものが多いからだ。その結果、ある場所の植生の変化が出現する蝶の種や数に早く影響を与える。最近の調査の例では、里地・里山に棲む蝶についても、荒廃による植生変化により、約4割が「絶滅危惧種」相当に減っているという。

3．種類

日本には約240種の蝶が棲み、アゲハチョウ、シロチョウ、シジミチョウ、タテハチョウ、セセリチョウの5つの科に分類されている。

アゲハチョウ科は大型の蝶で、種類によって翅の模様や尾状突起の有無や形が異なる。ナミアゲハ、カラスアゲハ、アオスジアゲハ、ギフチョウ、ウスバシロチョウなどが属している。

シロチョウ科は中型の蝶で、成虫の翅には尾状突起が少なく、白や黄色が多い。モンシロチョウ、キチョウ、ツマキチョウ、クモマツマキチョウなどが属している。

シジミチョウ科は小型の蝶で、成虫の翅の模様は、表と裏で異なるものが多い。ベニシジミ、ヤマトシジミ、ムラサキツバメ、ミドリシジミ、ウラナミシジミなどが属している。

タテハチョウ科は中型から大型で、翅の表と裏でも模様が異なるものが多く、色も黄・赤・青など多彩。キタテハ、ルリタテハ、オオムラサキ、コムラサキ、クジャクチョウ、キベリタテハなどが属する。

セセリチョウ科は小型で、胴が太くて翅が小さく、飛ぶのが直線的で比較的速い。チャバネセセリ、アオバセセリ、イチモンジセセリなどが属する。

4．生き方

蝶は、気候の変化が大きく、野鳥など天敵が多い日本の自然環境の中で成長し、繁殖して子孫を残すよう生きている。そのため、次のような生き方をしている。

❶完全変態

蝶は、卵、幼虫、蛹を経て成虫になる。「完全変態」と呼ばれ、幼虫と成虫は全く姿が異なる。このサイクルを年1回行うものが多いが、種によっては年3〜5回繰り返すものもいる。

成虫が年2回以上発生する種の中には、発生する季節によって大きさや翅の模様や色が異なるものがある。その場合、春に発生するものは「春型」、夏に発生するものは「夏型」と呼ばれている。

❸冬越し

冬は気温が低下して活動できなくなる。それでも冬を越さなくてはならず、種によって蛹、卵、幼虫、成虫と異なる形態で冬越ししている。

❹食べ物と天敵

蝶の幼虫が食べる植物は、種によって決まっている。それを「食草」と呼び、木の葉の場合は「食樹」ともいう。遠くに移動できる蝶以外は、食草のある場所付近が生息場所になっている。また、依存する食草がなくなると、その場所の蝶も絶滅してしまうという関係にある。

成虫の食べ物は花の蜜、樹液、腐った果実、動物の糞尿などで、水や人の汗を吸うこともある。特に花の蜜をたよりにしている蝶が多く、植物の恩恵を大きく受けている。

逆に、蝶を食べる天敵は多く、特に幼虫の時は野鳥やハチやカメムシなどの昆虫、トカゲにも食べられ、成虫になっても野鳥やクモ、トンボなどに食べられる。幼虫が成虫になるのは100匹のうち1、2匹と言われ、成虫が卵を産むまで生き残れる数は、さらに減る。

成虫は、天敵に食べられないよう、翅の模様、特に裏面を周囲の色に合わせて目立たなくしている種がある。また、あっちに行ったりこっちに行ったりとランダムに飛ぶのは、結果的に野鳥などに簡単に捕まらない飛び方なのである。

5. 出会い方

蝶に出会うには場所、時期と時間、天候、そして出会った時にどう見るかがポイントである。

❶場所

蝶は、街中や公園、里、山地、森林、草原、水辺、高山など種類によって好む環境が違う。また、蝶がよく訪れる植物も異なっている。

出会いを楽しむためには、どこにどのような蝶が棲むかを知っておくとよい。特に見たい種があるなら、あらかじめその蝶の好きな環境や植物を調べて行くと見られる可能性が高まる。

蝶の生息場所については、本やホームページなどを調べることである程度分かるが、詳細の生息場所はあまり出ていないので、詳しい人からの情報や自分で探すことが必要になる。

一般的にどのような場所に蝶が集まるかは次のとおりである。

①食草付近

蝶は、食草から羽化し、また、メスが産卵行動に集まるので、食草付近で見られることが多い。オスも、羽化してくるメスを探して食草付近にいる場合もある。

②訪れる花

花がある場所で、蜜を吸いにくる蝶に出会うことが多い。種によって好みの花があり、小形の蝶はハルジオンやヒメジョオン、ハギの仲間など、大型の蝶はユリやツツジの仲間などによくくる。ウツギやクリなどの白い小さい花や小花が集まっているアザミ類などキクの仲間には多くの蝶が集まる。

③吸水

流れがあまりない水場や湿った地面にと

まり水分を吸う蝶もいる。暑い日にはよくカラスアゲハなどが吸水に来ている。

④樹液や糞の汁を吸う

クヌギやヤナギ類などの幹に樹液が出ているところがあれば、樹液を吸いにくる蝶がいる。オオムラサキなどタテハチョウの仲間がよく集まる。また、動物の糞にもよく蝶がくる。

⑤山のピークに集まる

交尾をしていないメスの蝶は、山のピークに上がるという習性があり、メスを探すためにオスも集まってくる。

⑥森林では種により飛ぶ高さが異なる

林床のササや草本を食草としているジャノメチョウ、シロチョウなどの比較的小さな蝶は、主に草の上を飛ぶ。

食樹や食草を探すアゲハの仲間など比較的大きな蝶は、林間の木漏れ日の間をぬうように飛びまわる。

高木の樹冠を主な生息圏にしているミドリシジミ類などの蝶は、木の上を飛ぶ。

⑦よく飛ぶ場所

全般的に日陰と日なたの分かれ目のような林縁や陽だまりで、草の上や樹木の上などを飛んでいることが多い。

❷時期と時間

成虫の発生時期は、冬以外の長期間の種もあるが、1ヶ月程度と短い種もあり、その時期を知っておくことがポイントとなる。

さらに、発生時期でも活動時間帯を知ることも必要になる。オスがメスを探したり、吸蜜したりする時間帯は種によって異なるが、変温動物なので適当な気温の時に飛ぶことが多く、夏を除き10時〜15時のお昼前後がよく飛ぶ時間帯だ。しかし、一部のシジミチョウの仲間など早朝や夕方に活動する種もいる。

❸天候

晴れた日の日中に飛ぶことが多い。これは、変温動物で、筋肉が温かくならないと十分に動かないからである。翅を広げて日光浴して身体を温めてから飛ぶこともある。しかし、真夏は暑すぎるので昼間は日陰で隠れていることがあり、朝など気温の低い時間帯に活動する。なお一部の蝶は、曇りでも飛ぶ。

また、風が強い日は飛びにくいので、隠れていることが多い。

❹出会ったら

蝶を見つけたら、まず、その場でじっくり見る。蝶は目が良く、いきなり近づくとさっと逃げてしまうので、遠くで見てから、ゆっくり近づくようにする。また、離れた場所では、双眼鏡で観察するとよりはっきりと確認できる。

蝶が飛んでいて、種が分からない時は、目で追い、止まるのを待つとよい。翅の裏と表と模様が違う種もいるので、閉じている場合は少し待ち、表側を見る。開くとは限らないが、時には裏面とは全く異なる色が見られることがある。

また、蝶が飛んでいなくなっても、その場で少し待つと戻ってくることがある。それは、体が大きめのアゲハの仲間などは、飛翔力があるので、同じルートを飛び回っているからである。また、タテハチョウの仲間など縄張りを持つものは、縄張りの中を転々と飛び回っているので、同じ場所にくることがある。

ギフチョウ

岐阜蝶

分類：アゲハチョウ科
大きさ：中型
時期：4月、年1回発生
場所：平地から山地の落葉広葉
　　　樹林

美しく「春の女神」と呼ばれる。

姿と魅力

鮮やかなドレスをまとったような華麗な蝶。「春の女神」とも呼ばれている。クリーム色と黒のシマ模様に後翅の赤色と橙色の斑と青色の斑点が並んでいる。木の葉が広がる前の早春に現れ、晴れた日はちょうど咲き出した花の蜜を吸いにやってくる。また、山の頂上やピークで舞うように飛ぶこともある。どちらの姿も春の陽を楽しんでいるようで麗らかに感じる。北陸から東北の日本海側や中部地方など落葉広葉樹の山間の森に棲む。長野県や東北、北海道には、斑紋が一部異なるヒメギフチョウが棲む。

生き方

桜や春の草花が咲く頃に出現し、カタクリやスミレ類、サクラなどの花に吸蜜に来る。短い間に食草のカンアオイ類などに卵を産み一生を終える。幼虫は食草を食べ成長し、地面の落ち葉の間などで蛹

になり、冬を越し、早春に羽化する。派手な模様だが、草が枯れた地面の上では目立たず、保護色となる。

出会い方

生息場所は、付近に食草がある明るい山間の雑木林。時期は桜の開花とほぼ同じで、2週間程と短い。活動時間は10〜15時頃が多い。概ね地上近くをゆっくり飛び、飛翔中は淡い黄色に見える。気温10℃を超える暖かく晴れた日に活動する。青や紫、ピンクの花にくることが多く、繁殖相手を見つけるため尾根筋や頂上にも上がってくる。近年、生息場所が減っているので、事前に生息情報を調べるとよい。

早春の花で吸蜜する。

ウスバシロチョウ　薄翅白蝶

分類：アゲハチョウ科
大きさ：中型
時期：5月、年1回発生
場所：丘陵から山地の林縁や
　　　草地

空を舞う姿は和紙のよう。

姿と魅力

シルクのような半透明の翅。あまり羽ばたかずふわふわと飛び、空を舞う和紙のようでもある。花によく止まり、飛んではまた花にくる。透明がかった白い翅に黒い筋が目立ち、複眼が大きく、可愛らしい。新緑の麗らかな青空の下、花咲く野原でこのチョウと花との自然なふれあいを見ていると、のどかな気持ちになる。

生き方

四国以北の丘陵地から山地の落葉広葉樹林の日当りのよい林縁や草地、畑地に生息する。北海道には類似種のヒメウスバシロチョウ、ウスバキチョウが棲む。
発生の期間は短く、寒冷地を除き5月頃のみに成虫が現れ、繁殖相手を見つけ、卵を地面の枯葉や枯枝などに産む。卵のまま越冬し、翌春、幼虫になり、食草のムラサキケマンやヤマエンゴサク、エゾエンゴサクなどを食べて育ち、繭を作っ

てその中で蛹（さなぎ）となり、やがて成虫になる。食草のムラサキケマンなどは毒草のため、ウスバシロチョウにも毒があるので天敵は少ない。

出会い方

山地や丘陵地の林縁や草地など開けた場所で、風がなく陽がさしている時に飛んでいる。地上1～2mほどを飛び、花の付近で見かけることが多い。特に、ヒメジョオン、ネギなど白っぽい花によく来る。モンシロチョウのようにも見えるが、翅が透きとおるように薄く胴体が黒く太ければウスバシロチョウだ。

花の色が透き通る薄い翅。

49

アオスジアゲハ 　　青条揚羽

分類：アゲハチョウ科

大きさ：大型

時期：5〜10月、年3〜4回
　　　発生

場所：平地から低山の照葉樹林、
　　　公園など

青緑色の翅の模様が輝く。

姿と魅力

ステンドグラスのように輝く青緑色。黒い翅の真ん中に透き通るような青緑色の帯があり、さわやかに見える蝶だ。花にくると翅を小刻みに振るわせながら蜜を吸い、次から次へと近くの花を渡る。青緑色を輝かせながら舞う姿は踊っているように見える。成虫の大きさは開いて6cm程で、アゲハチョウの仲間としては小さい。オスメス同色で、翅は細長い三角形で、中央の青緑色の帯の部分は鱗粉がなく半透明なので明るく見える。

生き方

南方の照葉樹林が本来の生息地で、東北以南の平地や低山に棲む。食草の自生する樹林や社寺林、市街地の公園などにも棲む。日中、樹上など高所を敏速、直線的に飛び、なかなか止まらないが、花にはよく訪れる。5〜9月まで年3回程度成虫が出現し、食樹に卵を産む。食樹はクスノキ、ヤブニッケイ、タブノキ、シロダモなどクスノキ科の植物。越冬は、蛹となり、食樹の葉裏や食樹付近の他の植物などで春を待つ。

出会い方

食樹の生える樹林の林間や林緑、公園などの日当りのよい場所で目にする。公園や市街地でも食樹のクスノキが植えられている所で見られる。樹上など高い所を飛び、ハルジオンやクサギ、ウツギ、ヤブガラシなど白色系の小さな花によくくる。地面の水溜まりで集団吸水していることもある。ブーメランのような形の青緑色が見えればアオスジアゲハだ。

様々な花に訪れる。

ミヤマカラスアゲハ　　深山烏揚翅
カラスアゲハ　　　　烏揚翅

ミヤマカラスアゲハ
分類：アゲハチョウ科
大きさ：大型
時期：5〜8月、年2〜3回発生
場所：山地の森林

カラスアゲハ
分類：アゲハチョウ科
大きさ：大型
時期：5〜9月、年2〜3回発生
場所：平地から山地の森林

ツツジに来たカラスアゲハ。

姿と魅力

青緑の輝きがひらひらと舞う。ツツジの仲間など様々な花を回り、飛びながら吸蜜する。翅のはばたきで光る青緑色が美しい。また、何頭かが路上で吸水していることもあり、飛ぶと光を浴びてエメラルドのようにきらめく。大型の蝶で、翅の表は黒色で青緑色の鱗粉が広がり輝く。裏は黒色で、外側に黄白色の帯があり、後翅の縁の近くに赤斑の列がある。ミヤマカラスアゲハは後翅の裏に弓状の白いラインがあり、カラスアゲハにはない。

生き方

主に山地の樹林帯に生息し、カラスアゲハは低い場所にも見られ、高所では「深山」というようにミヤマカラスアゲハが優先する。日中、ゆるやかに飛翔し、様々な花を訪れ吸蜜する。また、オスは晴れた日中に、時には集団で濡れた地面で吸水している。通常、年2回、5月頃と7〜

8月に発生し、夏に発生した成虫の卵は幼虫から蛹となって冬を越す。幼虫の食樹はキハダ、コクサギ、カラスザンショウなどミカン科の木で、これらの分布域が生息域となる。

出会い方

山間の道沿いや公園などで、晴れた日中によくツツジ類やウツギ類、クサギ類、ユリなど木や草の花に吸蜜に来ている。林道など適度な明るさの林間を直線的にやや敏速に飛翔している。飛ぶルートが決まっているので姿を消してもまたやってくる。暖かい日は、地面の濡れたところや水溜りで吸水している。

吸水するミヤマカラスアゲハ。

ツマキチョウ　褄黄蝶
クモマツマキチョウ　雲間褄黄蝶

ツマキチョウ
分類：シロチョウ科
大きさ：小型
時期：4月、年1回発生
場所：平地から低山の林縁や農
　　　地周辺などの草地

クモマツマキチョウ
分類：シロチョウ科
大きさ：小型
時期：5～7月、年1回発生
場所：亜高山の岩の多い渓流など

高地に棲むクモマツマキチョウ。

姿と魅力

翅の先、白地に橙色がとても魅力的な蝶。雄の翅の先にオレンジ色の模様がある。里にいるツマキチョウは裏面に暗緑色の雲状の模様があり、木の葉のような迷彩色になっている。高地には橙色がさらに鮮やかなクモマツマキチョウが棲む。翅の先は丸みを帯びていて、翅の裏面には灰緑色のモザイク模様がある。

生き方

ツマキチョウは平地から低山の林縁や草地、公園などで見られる。低い場所で翅を小刻みに動かして直線的に飛び、各種の花に訪れる。食草はタネツケバナなどアブラナ科の草やショカッサイなど。成虫は4月頃発生し、幼虫は5月下旬頃から蛹になり翌春まで蛹で過ごす。クモマツマキチョウは、本州中部山岳地帯の岩石が多く日当たりのよい渓流や雪渓の縁などに生息する。成虫は5～7月に出現し、蛹で越冬する。食草はミヤマハタザオなどのハタザオ類、ヤマガラシなどアブラナ科の草花である。

出会い方

どちらもモンシロチョウのような白い蝶に出会ったらよく見る。橙色や翅の裏の雲状の模様があり、直線的に飛べば本種である。食草付近にいることが多い。ツマキチョウはかぎ状の前翅の先も特徴。タンポポ類など各種の花に訪れる。クモマツマキチョウは、晴れた日に、岩石の多い渓流周辺などを敏速に飛び、ハタザオ類やスミレ類で吸蜜する。生息地は険しい山中が多くそのための準備を要する。

里に棲むツマキチョウ。

ウラナミシジミ

分類：シジミチョウ科

大きさ：小型

時期：主に7〜11月、年4回程度発生

場所：草原、農地、河川など

ムラサキシジミ

分類：シジミチョウ科

大きさ：小型

時期：4月、6〜11月、年3回程度発生

場所：平地から山地の森林、林縁など

シジミチョウの仲間　小灰蝶

しま模様で尾状突起があるウラナミシジミ。

翅の表が青紫色のムラサキシジミ。

姿と魅力

小さな天使のようなシジミチョウの仲間。身体は小さく翅の形が貝のシジミに似て、色がカラフルなものが多い。眼が縦長で大きく、触角の先が丸く、尾状突起が目立つものもいて姿も可愛い。ムラサキシジミは表翅が輝く青紫色で、ベニシジミは鮮やかな赤橙色をしている。ウラナミシジミは波打つような淡い褐色と白のしま模様で尾状突起がある。

様々な種類

日本に78種ほど生息していて、ゼフィルスと呼ばれる仲間も含まれる。平地から山地に棲み、ベニシジミ、ムラサキシジミ、ウラナミシジミなどは街中

山地に棲むヒメシジミ。

や公園、里でも見られ、ヒメシジミのように山地の草原でしか見られない種もいる。

生き方

成虫の発生は6〜8月が多いが、暖地では長期間見られる種もいる。食性も多種多様で幼虫がアリやアブラムシの幼虫を食べたり、アリから給餌を受ける種もいる。ベニシジミやウラナミシジミ、ヒメシジミは、日中、低い場所を活発に飛び、よく草花で吸蜜する。ムラサキシジミは夕方に活発に活動する。

出会い方

草の周りなどを低く飛ぶ種が多く、時々、花や葉、地面の上に止まる。小さい蝶がチラチラ飛んでいたらシジミチョウの可能性が高いので、目で追いかけて止まるのを待つとよい。翅の裏は目立たなくても広げると美しく驚くことがある。ムラサキシジミやウラギンシジミのように林の中で、木の葉の上によく止まっている種もいる。

ゼフィルスの仲間

ハンノキ林に棲むミドリシジミ。

ミドリシジミ
分類：シジミチョウ科
大きさ：小型
時期：6〜7月、年1回発生
場所：湿地などのハンノキ林

カシワ林に棲むハヤシミドリシジミ。

姿と魅力

鮮やかに輝く青緑色が美しい。ミドリシジミ、アイノミドリシジミなどゼフィルスの仲間の何種かは、青や緑の翅を葉の上で開き、輝かせ、縄張りを主張する。コバルトブルーの輝きで、ハッとするほど美しく「森の宝石」と言われている。この輝きは、種により緑や水色、青に近いものがあり、さらに見る角度によっても色合いが違い魅力的だ。色だけでなく、小さい身体の割に眼が大きく、尾状突起と触覚が長く、妖精のような可愛さがある。

様々な種

樹上性のシジミチョウの一群が「ゼフィルス」と呼ばれ、日本には25種いる。そのなかでミドリシジミ、アイノミドリシジミ、オオミドリシジミ、ハヤシミドリシジミ、ジョウザンミドリシジミ、メスアカミドリシジミ、フジミドリシジミ、エゾミドリシジミなど12種のオスは、青

や緑の翅を広げて縄張りを主張する。他に、ウラナミアカシジミやアカシジミなど翅が橙色の種も美しく、ミズイロオナガシジミは白色で小さく可愛い。

生き方

出現する時期は種によって異なるが、概ね6〜8月で、寒冷な高地になるほど遅くなる。卵は、食樹の芽の付け根や枝の分岐部などに産み付けられ、そのまま越冬し、4〜5月頃の芽が膨らむ時期にちょうど孵化する。幼虫は、近くのふくらんだ芽に潜り込み、柔らかい若葉を食べて育つ。葉が硬くなった6月頃、蛹になり、2〜3週間して成虫になる。このように、見事に樹木の成長サイクルに合わせている。

食樹はブナ科、特にコナラ属の樹木が主で、種によって決まっている。例えば、平地や低山の雑木林では、ミドリシジミがハンノキ、オオミドリシジミがコナラ、ハヤシミドリシジミがカシワなど、山地

アイノミドリシジミ

分類：シジミチョウ科
大きさ：小型
時期：7〜9月、年1回発生
場所：山地の落葉広葉樹林

ウラナミアカシジミ

分類：シジミチョウ科
大きさ：小型
時期：6〜7月、年1回発生
場所：平地から低山の雑木林

里に棲むウラナミアカシジミ。

見る方向で色が変わるアイノミドリシジミ。

山地に棲む
アイノミドリシジミ。

では、アイノミドリシジミやジョウザンミドリシジミがミズナラなど、メスアカミドリシジミがサクラ類、フジミドリシジミがブナなどである。ウラナミアカシジミやアカシジミは平地や低山でコナラやクヌギなどを食樹とする。

出会い方

青緑色の種に会うためには限られた場所と時期、時間を選ぶことがポイントで、さらに天気も晴れている必要がある。食樹のある付近が生息地で、スポット的に発生するので、その場所を探すことが必要だ。林の中で、ぽっかりと空いて陽がさすような所によくいる。また、同じ頃に咲くクリの花にくる種もいる。
種によって活動時間帯が違い、例えば、アイノミドリシジミは朝、ジョウザンミドリシジミ、オオミドリシジミ、メスア

カミドリシジミなどは午前から日中に、ミドリシジミやハヤシミドリシジミなどは夕方活動する。ただし、夕方活動する種でも午前中に下草に下りてきて葉の上に止まっていることがある。
オスが活動している時は占有行動をし、突き出たような枝先の葉の上で翅を広げることが多く、木を見下ろすような場所から探すと見つけやすい。また、他の蝶がくると追いかけ、特に、別のオスだと、2頭がくるくると回転して飛ぶので、その飛び方で気がつくこともある。

山地に棲むジョウザンミドリシジミ。

クジャクチョウ　孔雀蝶

分類：タテハチョウ科
大きさ：中型
時期：4〜10月、年2回発生
場所：本州中部以北の山地、
　　　北海道

花によく吸蜜にくる。

姿と魅力

「ぎょっ」とする目のような模様。翅を広げると鮮やかな赤褐色の4枚の翅に黒い目玉模様があり、白や黄色の斑点もあり、派手な色合だ。まだ花が咲いてない4月頃の山で見る鮮やかな模様は春を感じさせる。また、夏の高原では花によく吸蜜に来ていて、とても華やかだ。

生き方

森林や草原に生息し、移動性が高く、夏には高山にも飛来し、越冬前後には低地でも見られる。日中、低い場所を敏速に飛び、各種の花に訪れる。また、オスは道や岩、葉の上に翅を開いて止まり、占有行動をとる。通常年2回発生し、冬は成虫で越冬し、早春に飛び始める。食草はイラクサ、アカソ、カラハナソウなど。翅の表面は派手だが、裏面は細かい筋がある褐色で、ほぼ真っ黒に見える。翅を閉じて枯葉や樹皮に止まっていると周囲と見分けがつかなくなる。その状態から

突然羽ばたくと、派手な目玉模様が飛び出してくる。これで野鳥などの捕食者を脅かし、身を守る。目立つ擬態と目立たない擬態と2つ持っている。

出会い方

山地、特に草原などで、晴れた日中、ヒヨドリバナやアザミ類などの花を見ると、吸蜜していることがある。吸蜜の時は、黒い三角形のような翅の裏が見えることが多い。また、路上や葉、岩の上などを見ながら歩くと、翅を広げて止まっていることがある。飛ぶ時は、黒っぽく見える姿で敏速に飛んでいく。

開いた翅と閉じた翅。

キベリタテハ　黄縁蛺

分類：タテハチョウ科
大きさ：中型
時期：5〜6月、8〜9月、
　　　年1回発生
場所：本州中部地方以北の山地

木の幹で樹液を吸う。

姿と魅力

華麗なドレスを着たような蝶。「貴婦人」とも呼ばれ、翅の表面はチョコレートのような茶紫色で、縁にレースのような薄黄色の筋があり、その内側に水玉模様の青い点々がある。キベリタテハの名前は、この黄色い縁の「黄縁（キベリ）」からきている。裏面は、目立たない黒褐色だが、翅を広げた表面は独特の落ち着いた色合いと貴族のような華やかさがあり、惹きつけられる。

生き方

山地から亜高山に棲み、発生は年一回。越冬した母蝶は6〜7月が産卵期で、新成虫は8〜9月頃に羽化する。成虫で越冬し、中部地方では5月頃に渓流沿いなどに現れる。幼虫の食樹はカバノキ科のダケカンバやシラカバ、ウダイカンバやヤナギ科のドロノキ、オオバヤナギなど。成虫は樹液や腐果、獣の糞や死骸に集ま

るほか、河原や路上でよく吸水している。花にくることはあまりない。

出会い方

数が少ない種であるが、本州では、概ね標高1,500〜2,500mの山地で落葉広葉樹の残る自然度の高い森林で出会うことがある。明るく開けた谷あいや林縁部などに多い。成虫もダケカンバなどカバノキ類やヤナギ類など食樹の周辺に多い。飛翔は、時々羽ばたいてはすーっと滑空し、よく岩の上や路上に止まる。木の樹液が出ている部分や糞から吸汁していることや、地面や水辺で吸水していることもある。

岩の上で翅を広げる。

ヒョウモンチョウの仲間 豹紋蝶

ミドリヒョウモン。

ミドリヒョウモン

分類：タテハチョウ科

大きさ：中型

時期：6～9月、年1回発生

場所：平地から山地の森林や
　　　林縁

ウラギンヒョウモン

分類：タテハチョウ科

大きさ：中型

時期：6～9月、年1回発生

場所：草原、河川

マツムシソウで吸蜜するウラギンヒョ
ウモン。

姿と魅力

鮮やかなオレンジ色に目が惹き寄せられる。よく花に吸蜜に来ていて、花の上で翅を広げると花弁との色合いが重なり、とても華やかだ。ヒョウモンチョウの仲間のほとんどは、翅の表面が橙色と黒斑のヒョウ柄模様をしている。

様々な種

日本に14種が棲み、比較的生息範囲が広いものとして樹林や林縁にミドリヒョウモン、クモガタヒョウモン、メスグロヒョウモン、開けた草原にギンボシヒョウモン、ウラギンヒョウモン、林縁や草地と人家周辺や公園にツマグロヒョウモンなどが生息する。表の模様が似ているが、裏の後翅の模様に特徴がある種が多い。例えば、ミドリヒョウモンは緑色を帯び筋が複数本あり、ギンボシヒョウモンは銀色の紋、クモガタヒョウモンは雲状の模様がある。

生き方

森林の日当りのいい場所や草原などに棲み、様々な花で吸蜜する。ほとんどの種が6月頃に発生し9月頃まで見られ、卵か幼虫で越冬する。食草はスミレ類が多い。ヒョウ柄は目立つようだが草の間では目立たないので保護色にもなっている。

出会い方

高原や森林に近い草原や林縁で、晴れた日中に花で吸蜜している姿を探すとよい。ヒヨドリバナやアザミ類など小花の多い花によくくる。また、地上で吸水していることもある。

草原に棲むギンボシヒョウモン。

オオムラサキ 　大紫

分類：タテハチョウ科
大きさ：大型
時期：6〜8月、年1回発生
場所：落葉広葉樹林

クヌギで樹液を吸う。

姿と魅力

美しい青紫色が輝くようだ。よく木の樹液の染み出ている幹に来て、翅を閉じたり開いたりする。オスが開くと、角度によって翅の表が鮮やかな青紫に見える。メスは目立たない茶色をしている。どちらも裏は薄い黄色。翅を開いた大きさが12cm位ある大型の蝶で、飛ぶ姿も目立ち、堂々としている。里山や低山の雑木林を代表する蝶で、この美しさと全国に棲むことから「日本の国蝶」に選ばれている。

生き方

6〜7月に成虫になり、繁殖活動をし、8月頃、食樹のエノキなどに産卵し、一生を終える。孵化した幼虫は、葉を食べて育ち、冬には地表の落ち葉に潜り込み、そのまま越冬する。春に、芽吹きとともに食樹に登り、開いた若葉を食べて成長し、5月頃に蛹になる。幼虫は目立たない緑色だが、子育ての頃の野鳥にとって恰好の

エサになり、100〜400個という卵から、ほんの数頭だけしか成虫になれない。

出会い方

食樹のエノキと樹液が出るクヌギやコナラなどがある雑木林に棲み、灌木や下草が豊富で占有する飛翔空間もある場所で見られる。7〜8月頃の晴れた日に、樹液の出ている木や飛んでいる姿を探す。果実で吸汁したり、湿った場所で吸水したり、また、林縁や山頂、尾根などで占有行動をとるオスを見ることもある。割と高い所を敏速に飛翔し、飛んでいる時は翅を閉じた状態と同じように、黄色や白色に見える。

翅が茶色のメス。

ベニヒカゲ　紅日陰

分類：タテハチョウ科
大きさ：小型
時期：8月、年1回発生
場所：亜高山から高山の草地

草原の花に来たベニヒカゲ。

姿と魅力

丸っぽいオレンジの紋が愛らしい。厳しい環境の高山などに生きるベニヒカゲは、草の周りをゆるやかに飛び、花などの上で可愛らしい翅を見せて楽しませてくれる。表の翅は、濃い茶褐色に橙色帯があり、その中に目玉のような黒斑が通常3つ並ぶ。裏の前翅は表と同様に橙色の帯があるが、後翅には橙色帯がない。高山にのみ棲む類似種のクモマベニヒカゲは、裏の後翅にも橙色帯がある。

生き方

中部地方では標高1,500m～3,000m級の山で見られる。北海道では平地にも棲む。草丈が低い草原が生息地で、山頂や稜線部の草原、沢沿い、湿原などで見られる。日中、草原上を低く緩やかに飛翔し、マツムシソウ、フウロソウ類、アザミ類など様々な花に訪れる。食草はイネ科のイワノガリヤスやカヤツリグサ科のヒメカンスゲなど。陽のあたる所を飛び、陰ると隠れてしまう。飛翔力は弱く、生息地にたくさんいても、少し離れるといなくなり、局所的に生息している。8月に現れ、産卵し、幼虫で越冬する。

出会い方

8月頃、本州では、山岳地帯の明るく草丈が低い草原に局所的に見られる。晴れた時に、草の間や上を黒っぽい小さな蝶がゆるやかに飛んでいたらベニヒカゲの可能性が高い。じっと見ていると、花や葉、岩に止まることもある。生息場所には個体数が少なくないので、時期や天候がよければ、出会うことが多い。

高山に棲むクモマベニヒカゲ。

アサギマダラ　浅葱斑

分類：タテハチョウ科
大きさ：大型
時期：5～10月、
　　　年2～3回発生
場所：山地の森林、草原など

草原で吸蜜する。

姿と魅力

透き通るような翅で、ふわふわと優雅に飛ぶ。高原や山間などで、花によくくる。止まるとステンドグラスのように透き通る薄青緑色の模様が見え、すがすがしい。その色が「浅葱色」なので、アサギマダラと呼ばれている。

生き方

冬の間、成虫は九州や沖縄の島々、台湾など南方に棲む。春に北上し、夏は本州の山地や高原で繁殖し、成虫が2～3回発生する。秋には、新しい成虫が渡り鳥と同じように、海を越えて南に渡り、幼虫はそのまま越冬する。長距離を飛んでいけるのは、強靭な胸の力があり、またうまく風に乗るからである。渡りをする前に花の蜜を吸いエネルギーを身体に蓄えているらしい。食草は、キジョラン、イケマなどで、冬が近づくと食草に産卵する。幼虫は、葉を円形にかじり、円の内側を食べるので丸い穴ができる。食草には有毒成分が含まれるので、アサギマダラにも毒がある。ゆっくり優雅に飛ぶのも、この毒で襲われない安心感からだろう。

出会い方

高原や山間、山頂、渓谷など様々な場所に現れる。特に、草原、林縁などでヒヨドリバナなどの花によく来ている。花に止まったり周りを飛んだりしていて、見つけやすい。花がない場所でも、突然に現れ、飛んでいくこともある。白っぽくアゲハチョウ程の大きな蝶がふわふわと飛んでいたら、アサギマダラである。

海を越えて渡りをする。

1．魅力

野鳥は、野生動物の中で人気のあるものの一つだろう。野鳥には、色が美しい鳥、可愛らしい鳥、たくましい鳥、鳴き声がきれいな鳥、餌を捕る姿が面白い鳥など様々な種類がいる。例えば、キビタキのような鮮やかな黄色、ルリビタキの爽やかな水色など色が目を引く鳥、エナガやキクイタダキのようにクリっとした目の小さな鳥、猛禽類のように悠々としてたくましい鳥、ミソサザイやオオルリのように谷にさえずりを響かせる美声の鳥、カワセミやヤマセミのように水に飛びこんで餌を捕る鳥など興味深い野鳥が日本にはたくさん棲んでいる。

このような野鳥との出会いを求めて、野鳥を探し、観察する人が多い。

2．野鳥の特徴

野鳥の最大の特徴は、羽を持ち、飛べること。それに関係して、姿や行動に様々な特徴がある。

❶くちばしや足の形

鳥は手がないので、物をつかむのは足かくちばしで行う。これらを使って器用に餌を捕ったり、巣を作ったりしている。そのため、くちばしの形は食べる餌によって違っていて、例えば、木の枝の隙間にいる小さな虫を食べるエナガは小さく、肉食の猛禽類は肉を裂くためかぎ型になっていて、キツツキは木に穴を開けて虫を捕るので尖っている。

❷多様な色

色は多様で、青や黄色、橙などカラフルなものも多い。種によっては、オスだけ目立つ色のものもある。この派手な色は、鳥が空を飛び、広い空間で活動するので、他の個体、特にメスに目立つようになっていると考えられる。

❸鳴き声

鳴き声には「さえずり」と「地鳴き」がある。さえずりは、主に繁殖期の初夏に、オスがメスにアピールするためや縄張りを主張するためのもので、比較的大きい声で発せられる。「地鳴き」は、危険を伝えるなど仲間とのコミュニケーションのために使われる鳴き声である。

❹移動

野鳥は、哺乳類と同じく体温を一定に保つ恒温動物である。寒い冬でも活動できるので、餌を食べられるなら移動する必要はない。しかし、寒い時期には、昆虫が減り、雪が積もって草木が隠れるため、餌を求めて移動する種が多い。渡り鳥の例では、夏に東南アジアなどから渡ってくる鳥は初夏から発生する昆虫を、冬にシベリアから来る鳥は森や草原、河原などに残る木の実や種子、小動物を主に食べる。

3．種類

日本で確認された野鳥の種は、外来種を含めて600種程度と言われている。わずかに確認できたものも含まれるので、通常見られる鳥は240〜300種程である。

❶移動による呼び方

野鳥は、餌の多い繁殖地への移動や冬越しのために移動することがある。その移動の仕方で鳥を区分している。一年中同じ場所にとどまっている種は「留鳥」と呼ばれ、国外などから春にきて夏を過ごす種は「夏鳥」、秋にきて冬を過ごす種は「冬鳥」、また、夏は繁殖のため高所で過ごし冬は平地で越冬するような種は「漂鳥」と呼ばれている。

❷環境によって見られる野鳥

野鳥は、平地から山地の森林、亜高山、高山、高原、河原、都市の公園、田畑、干潟、海岸など様々な場所に棲む。それぞれの環境で見られる鳥は概ね次のとおりである。

①夏の平地から山地の森林

留鳥として棲むシジュウカラの仲間やキツツキの仲間、エナガ、カケス、ウグイス、オオタカのほか、夏鳥のオオルリやキビタキ、サンコウチョウなどがやってきて繁殖する。初夏を中心とした繁殖期は多くの種が活発に活動し、さえずりも多く、野鳥観察に適した場所である。

②夏の亜高山、高山

標高が高くなると種は少なくなるが、亜高山や高山でも繁殖活動が行われる。亜高山では漂鳥のルリビタキやウソ、キクイタダキや夏鳥のコマドリなどが繁殖し、よくさえずりが聞こえる。高山には留鳥のイワヒバリ、ホシガラス、ライチョウ、漂鳥のカヤクグリなどがいる。

③夏の高原

留鳥または漂鳥のウグイスや夏鳥のノビタキやカッコウ、漂鳥のビンズイやホオアカなどが目立つ場所でさえずっている。高原は見渡しがいいので、鳥を探しやすい。

④春や秋の森林や公園

森林の留鳥の他に、春や秋の渡りの時期に夏鳥のキビタキやオオルリなどが移動途中に立ち寄ることがある。

⑤冬から春の森林や公園

森林の留鳥の他に、冬鳥のジョウビタキやシメ、ベニマシコ、アトリなどがやってきて、さらに夏に亜高山などにいた漂鳥のルリビタキ、キクイタダキ、ウソなども低地に下りてくる。平地や公園でも様々な種類が見られる時期である。

⑥河原

留鳥としてカワセミやセキレイの仲間などが棲み、渓流にはミソサザイやヤマセミなどが生息している。中流から下流の開けた場所やアシ原では、セッカ、ヒバリ、イカルチドリなどの留鳥のほか、夏にはオオヨシキリなどがやってくる。水面にはカモの仲間も棲む。河原は見渡しがよく野鳥も多いので、野鳥観察に適している。

4. 生き方

野生の鳥の寿命は、明確には分かっていないが、シジュウカラのような小鳥の場合、平均寿命1年数ヶ月と言われている。長く生きるものもいるが、概ね、短い間に成長して、繁殖活動をし、子孫を残すように生きている。雛の間は親から餌をもらうが、巣立ちしてからは自分で餌を見つけ、また、時には同性と争って異性を獲得し、子育ての時は天敵から子を守らなくてはならない。

❶繁殖

繁殖期になると、オスは縄張りを確保し、メスにさえずりや動作、プレゼントなどで求愛してパートナーを見つける。縄張りを守るために、他のオスを追い出し、また、さえずりで縄張りを主張する。そして、子

作りをし、卵を産み、温める。雛が孵ると餌を与え、少なくとも巣立ちまでは親が面倒を見る。卵や雛は、ヘビやイタチの仲間、猛禽類などの天敵に狙われるので、工夫をして目立たないようにしている。また、雛を育てるために多くの餌が必要なので、木の葉などに餌の昆虫が多い春から初夏に繁殖する鳥が多い。

❷食べ物と天敵

野鳥の食べ物は種によって異なるが、多くは、昆虫や両生類、爬虫類などの小動物、果実や種子などである。種によっては特定の獲物を餌にするものもあり、例えば、猛禽類のオオタカやサシバは小鳥やカエル、ヘビなど小動物を捕え、さらに大型のクマタカやイヌワシは、ノウサギなど中小型の哺乳類を捕える。また、キツツキの仲間は木をつつき、木の中の虫を引っ張り出し食べる。カワセミ、ヤマセミのように水に飛び込んで魚などを捕える鳥もいる。

野鳥は、植物の葉などを食べる昆虫を餌にすることで、植物を守っている。さらに、木の実を食べて、糞で種子を出すことで、種子の散布にも役立っている。

天敵は、卵や雛も含めて、ヘビやイタチの仲間などの肉食動物、また、中小型の鳥は猛禽類である。なお、クマタカやイヌワシは、哺乳類も食べるので食物連鎖の頂点にいると言われるが、卵や雛などは他の動物に食べられることがある。

5. 出会い方

比較的簡単に出会える鳥もいれば、いろいろな場所に行ってもなかなか会えない鳥もいる。多くの鳥は小さく、木の葉や藪に隠れて、近くにいても見ることができない。そんな様々な野鳥に出会うためには、次のようなことがポイントになる。

❶情報

興味のある野鳥に出会うためには、季節に応じ、地形や植生などの環境にどのような鳥がいるかを知っておくことが必要になる。野鳥にはファンが多いので、観察地や生息状況に関する情報は本やホームページ、現地のビジターセンターなどで得られる。また、様々な場所で野鳥観察会が行われているので、参加してベテランの方に野鳥の見つけ方などを教わることができる。

❷探す場所

環境に応じて、鳥を見つけやすい場所がある。森林では、落葉広葉樹の多い明るい林に野鳥は比較的多い。春や夏には葉につく昆虫を、秋には木の実を求めて来ている。冬は木の葉がないので見つけやすい。針葉樹林にも鳥はいるが、葉が密に茂っていて、なかなか姿を見つけられない。どちらも、初夏はよくさえずるので、声のする方向を見ると木の枝先などでさえずる姿を見ることがある。

また、森では、林床の低木や草に餌を探しに下りてくることがある。水が少ない場所に水場があれば、水飲みや水浴びにくることもある。

山の奥深い場所には野鳥は多いが、森自体が広くて、人の入れる場所はわずかな範囲なので、必ずしも野鳥に出会いやすいわけではない。逆に、都市近くの雑木林や河川、公園などは生息範囲が限られているので、見つけやすいことがある。

河原や草原などは、森とは違う種になるが、見晴らしがよく餌が多いので探しやすい。

共通して、鳥が比較的多く見られるポイントは次のとおりである。
・餌の昆虫などが多い場所
・繁殖期は巣を作れそうな場所

・秋や冬は餌の木の実が多い場所

・キツツキの仲間は古木が多い場所

・カワセミなど魚を食べる鳥は魚が多い場所

・天敵から見つかりにくい場所や逃げる藪などがある場所

❸ 活動する時間帯

多くの野鳥は早朝から午前中に活発に餌を探す。昼頃から活動は収まり、また、夕方のねぐらに戻る前に一時的に餌を探すことがある。

猛禽類などは1日に1回から数回程度しか活動しないか、天気によっては活動しない日もある。そのような種に会うためには、晴れた日に何時間かじっくりと待つことも必要になる。

❹ 痕跡

野鳥は、哺乳類のように目立つ痕跡をあまり残さないが、次のような痕跡が見られることがある。

① 糞

野鳥の糞は、しばらく白く残るものが多く、石の上や樹木の幹などに白い跡があれば、そこによく鳥がくるというサインだ。

② 食痕

野鳥は餌を丸ごと食べることが多いので、あまり食痕を残さない。それでも、サクラなどの花がちぎられて落ちていたら、ウソなど、鳥の仕業の可能性がある。また、キツツキの仲間がつついた新しい穴があれば、付近にいる可能性がある。

③ 足跡

水辺など柔らかい土の上には足跡が残っている。その形から鳥を判別できることがある。

④ 抜け落ちた羽

羽が落ちていると、その羽から鳥を判別できることがある。また、まとまって羽が落ちていたら、猛禽類が鳥を食べた痕の可能性がある。

❺ 五感

最終的に、鳥を見つける手段は、五感、特に、目と耳である。

① 視覚

視界の中で、目が動くものに敏感になることがポイントとなる。他の動物観察でも必要なことだが、鳥は飛ぶ姿を見つけることが多いので、何かを見ていて視点の端でも動くものがあれば気がつき、すぐそれを見る習慣をつけるとよい。

② 探し方

景色の中での鳥の探し方は、止まることの多い木の頂きや目立つ枝や草を探す場合と、上下から左右にくまなく探す場合がある。鳥の動きだけでなく、枝や草の揺れがあった場合は、付近をよく探すと見つけられることがある。飛んでいった場合は、その先を目で追いかけると止まった場所で見られることがある。

なお、野鳥を見る時は、普通、双眼鏡を使うので、双眼鏡の使い方と鳥のとらえ方に慣れておくとよい。

③ 聴覚

野鳥の存在は鳴き声で気がつくことが多いので、聞こえたら声のする周辺を探す。また、種による鳴き声の違いを覚えると野鳥の同定ができる。特に、さえずりは種によって特徴があるので分かりやすいものもある。そのさえずりを人の言葉に当てはめた「聞きなし」も作られている。

❻ 野鳥に出会ったら

野鳥が出てきたり、見つけた時に、急に動いたり、大声を出すと、鳥が逃げていくことが多い。そのため、鳥を見つけたら、動かないかゆっくりと身体を動かし、静かに観察することが必要である。

オオルリ　大瑠璃

分類：スズメ目ヒタキ科
全長：約16cm
場所（時期）：山地の沢沿いの
　　　　　　　森林など（春夏）

瑠璃色に輝く羽が美しい。

姿と魅力

姿も声も美しい青い鳥。夏を日本の森で過ごす渡り鳥で、さえずりは透き通る声で「ピー、ピーピー、ピ」と山の谷などに響き渡る。この美声はウグイス、コマドリとともに日本三鳴鳥と呼ばれている。羽の色が青紫色をしていて、森の中で輝くように目立つ。さえずりを聞きこの色の姿が見えると、すがすがしい気分になる。メスは目立たない淡褐色をしている。

生き方

4月頃、ちょうど昆虫がたくさん発生する新緑の時期に渡ってきて、繁殖期を山地の特に渓流沿いの林で過ごす。渡ってきた頃は縄張り争いをし、縄張りが決まると、オスは付近の木の枝でさえずり、縄張りを主張する。餌は昆虫やクモ類。これら森の恵みで雛を育て、子どもが育った10月頃に南方に渡っていく。

出会い方

この鳥の存在はさえずりで気がつくことが多い。さえずりの「ピー、ピーピー、ピ」は段々と音程が下がり、最後「ジジッ」となる。声が聞こえたら、比較的高い木の頂きなど目立つ枝を探すと見つかることがある。さえずる場所は大体決まっているので、いなくなってもまたくることがある。羽は青紫色だが、下から見上げると白い腹と黒い胸が見える。鳥が低い位置にくるか、見下ろす場所の木に止まっていれば、青い姿が見られる。渡ってきた頃は、よく低い位置にもくる。また、渡りの時期は市街地の公園などでも見られる。

木の枝でよくさえずっている。

キビタキ　黄鶲

分類：スズメ目ヒタキ科
全長：約14cm
場所（時期）：主に落葉広葉樹林
　　　　　　　（春夏）

橙色の喉と黄色い胸が目立つ。

姿と魅力

橙色の混じる黄色が輝くように見える。林の中で葉に隠れて姿が見えないことが多いが、一瞬でも姿が現われると明るい気分になる。オスは頭部から背面は黒く、腹部と腰は黄色、喉は鮮やかな橙黄色になり、翼に白斑がある。メスは上面が褐色で、腹部は褐色がかった白色で目立たない。

生き方

東南アジアで越冬し4～5月頃に日本にやってきて繁殖する。平地から山地の樹林帯、特に高い木がある広葉樹の森に棲む。若葉の頃から昆虫がたくさん発生し、雛を育てるのに好都合な場所だ。秋には木の実で栄養をつけて渡っていく。縄張りを持ち、樹洞や樹木の裂け目などに巣を作り繁殖する。木の葉の表面にいる昆虫やクモ類、空中を飛ぶ昆虫を狙う。縄張りを主張するため「ピィシュリ、ピィ、ピピリ」などと複雑な音を組み合わせで盛んにさえずる。

出会い方

うっそうとした林の中にいるので、見つけにくいが、縄張りを持つため、見つけるとその付近にいる。明るく早口なさえずりで気がつくことが多く、声をたよりに探すと、葉の間に見えることがある。木の中間位の高さにいることが多い。時々移動するので、飛んだ姿を追いかけ、止まった所を探すとよい。また、渡ってきた頃は、葉が茂っていない林もあり、そこでは見つけやすい。渡りの時期は、市街地の公園などにも見られる。

林の中で木の枝によく止まる。

67

コマドリ　駒鳥

分類：スズメ目ヒタキ科
全長：約14cm
場所（時期）：ササ類の多い山地、亜高山の針葉樹林（春夏）

木の枝や倒木の上でよくさえずる。

クリッとした目で可愛い。

姿と魅力

「ヒーン、ピョロピョロピョロ」と透き通るようなさえずりは、エコーがかかったように山に響き渡る。コマドリは、さえずりの美しさからウグイス、オオルリとともに日本三鳴鳥と言われている。ササが多い山地を歩いていると、このさえずりが聞こえてくることがある。なかなか姿を見せないが、運よく見られると顔周辺のほのかなオレンジ色とそこにあるクリっとした目が魅力的だ。尾羽を上に立てたり、広げたりするのも面白い。オス、メスともよく似た色彩をしているが、メスの方が顔や胸の赤味が少ない。

生き方

夏鳥として5月頃渡来し、ササ類など下草の多い亜高山帯の林の斜面や渓谷の森林に生息する。1羽か、つがいで生活し、地上を跳ねて歩き、昆虫やクモ類、ミミズなどを採食する。日本の森で繁殖し、9月頃には子どもと一緒に南方に渡り、冬は暖かい中国南部などで春を待つ。

出会い方

亜高山など山間部のササなどに覆われた場所で、さえずりで気がつくことが多い。声量が大きく、長い時間さえずるので分かりやすい。さえずりが聞こえる方向を探すと、地上近くの木の枝や倒木、切株などの上にいることがある。時には、木の高い場所でさえずることもある。しかし、ほとんど藪の中などに隠れていて、一瞬姿を現わすことがあっても、なかなかしっかりと見ることは難しい。

地面の近くにいることが多い。

サンコウチョウ　三光鳥

分類：スズメ目カササギヒタキ科
全長：オス 約45cm、メス 約18cm
場所（時期）：低山の針葉樹のある森（春夏）

目の周りがコバルトブルー。

姿と魅力

エキゾチックで美しい鳥。目の周りが輝くコバルトブルーで、尾が弓のように曲がって長い。この尾をひらひらなびかせて飛ぶ姿は優雅にも感じる。オスは全長約45cmのうち30cm位が尾。身体を大きく見せられるので、他の鳥を追い払うのに有利になる。オスの頭部から胸までが紫黒色、上面は紫色味のある褐色で、メスは上面が全体的に茶褐色。

生き方

5月頃に渡来し、本州以南の平地から低山の針葉樹と広葉樹が混じった暗い森に棲み、秋に南方に渡る。帰る頃には長い尾はなくなる。飛んでいる昆虫や葉先の昆虫やクモ類を飛びながら捕らえて食べる。時々ホバリングをする。縄張りを持ち、枝から枝へ飛び回り見張る。鳴き声の「チーチョホイ、ホイホイホイ」が「月、日、星、ホイホイホイ」と聞こえ、三つの光から「三光鳥」と呼ばれる。産卵期は5～7月で、樹上に巣をつくり、メス、オス共同で抱卵、育雛を行う。親鳥は、巣から雛の糞をくわえて飛び、一気に沢に向かい、水に糞を落とす。地上に落とすと糞の臭いをかぎつけて天敵のヘビやカラスが巣を見つけるので、それを避けるためのようだ。

出会い方

低山や里のスギやヒノキなどの針葉樹がある薄暗い森で、小川が流れている場所にやってくる。存在は口笛のような「チーチョホイ、ホイホイホイ」という声で分かるので、その方向を探す。樹の高い位置にいることが多いが、長い尾のため見つけやすい。

弓のように長い尾。

ミソサザイ　鷦鷯

分類：スズメ目ミソサザイ科

全長：約11cm

場所（時期）：山地の沢沿い
　　　　　　　（春夏）、低山・平
　　　　　　　地（秋冬）

沢沿いの木や岩の上でさえずる。

姿と魅力

渓谷で響き渡るミソサザイの声。「ピピピ、チュルチュル、チリリリ」などと、透き通るようで心地よい。とても声量のある声だが、日本最小クラスの小さな鳥で、地味な茶色をしていて、目立たない。それでも、岩や枝などの上でさえずっている姿を見ると、丸っぽい身体で、短い尾を直角に立てて、精一杯大きく口を開いていて、とても愛嬌がある。

生き方

留鳥または漂鳥で、春から秋は、餌となる昆虫などが多く、巣をつくりやすい岩や大木などがある山間の沢沿いに棲む。早春にはさえずりを始め、5〜8月に繁殖活動をする。一夫多妻で、オスは縄張りにいくつかの巣をつくり、あちこちを移動してさえずる。メスがやってくると、巣に誘い、巣を気にいればカップルとなる。しかし、子育てはメスに任せ、オスは、他の巣の近くでさえずり、別の彼女を求める。巣が近いと別のメスは来ないので、離れた場所に巣を作るため縄張りを広くしようと、あちこち移動しながら鳴いている。

出会い方

春から初夏、特徴的な大きなさえずりや「チュリリリ」という警戒の声でいることが分かる。小さくて茶色なので見つけにくいが、川原や斜面の地面近くの枝や倒木、岩の上などで、丸っぽい茶色を探すと見られることがある。冬は、低山や平地に来ていて、藪の中などにいて「ツェッ、ツェッ」と地鳴きが聞こえることがある。

小さな茶色の身体で目立たない。

カケス　橿鳥

分類：スズメ目カラス科
全長：約33cm
場所（時期）：
平地から山地の森林（一年中）

森の中で目立つ派手な模様。

姿と魅力

とても奇妙な姿をしているカケス。目の周りは黒く白目が目立ち、白い頭の上が黒い点々のあるゴマ塩模様になっていて、初めて見るとギョッとする顔だちだ。身体はハト位に大きく、背中や胸が茶色っぽく、羽に青と白と黒のしま模様がある。この派手な姿が意外に森の中では明るく、華やかに見える。

生き方

平地から山地の森林に留鳥または漂鳥として生息する。寒地にいる個体は、冬に山麓や平地など暖地に移動する。食性は昆虫類が主の雑食性で、ドングリも食べる。ドングリを冬に食べるため、喉に入れて運び、土や落ち葉の下などに蓄える「貯食」という習性がある。時には忘れて食べないこともあり、いい場所に運ばれた種子は芽を出す。こうして、動けない木の移動を助けている。逆に、木はカケスに食べ物の実や巣の場所を提供し、カケスのためになっている。このように木とカケスの間には助け合いの関係がある。

出会い方

森林の中で、木の比較的高い所によくいる。カケスが先に人に気がつき、「ジャー」という声を出して飛んでいくことが多い。目で追いかけると身体の白い部分が目立ちカケスと分かる。秋にはドングリのある広葉樹林でよく目にし、冬には平地の雑木林や公園の林にも下りてくる。人の方がカケスから気がつかない場所にいて、先に見つければ、しっかり姿を見ることができる。

白い背を見せて飛んでいく。

シジュウカラの仲間 四十雀

シジュウカラ

分類：スズメ目シジュウカラ科

全長：約14cm

場所（時期）：平地から山地の
　　　　　　　林や公園など（一
　　　　　　　年中）

胸がネクタイ模様のシジュウカラ。

喉から胸が黒いヒガラ。

ベレー帽をかぶったようなコガラ。

姿と魅力

公園から山奥まで広く見られる可愛い小鳥たち。木から木へちょこちょこと活発に飛び回る。この仲間はカラ類とも呼ばれ、ヤマガラを除き、白と黒が主体の姿で、少しずつ模様が違っている。シジュウカラは、喉から尻にかけてネクタイのような黒い帯があり、背中の上部にほのかな緑色がある。コガラは、頭がベレー帽のような黒で、喉に蝶ネクタイのように黒い模様がある。ヒガラは、頭の毛が立っていて、喉によだれ掛けのような幅が広い黒い模様がある。ヤマガラは、お腹がオレンジ色をしている。

生き方

共通して、平地から亜高山までの森林に生息し、高所の個体は冬に低地へ移動する。ヒガラは針葉樹林に棲み、シジュウカラは都市の公園や市街地でも見られる。雑食性で昆虫類を主とし、果実なども食べる。ヤマガラは堅い実も割ることができ、冬に備えて木の幹の隙間に実などを蓄える貯食も行う。秋から冬にかけて、これら4種と、時にはエナガやコゲラなども混じり、混群になることがある。

出会い方

どの種も声で気がつくことが多い。さえずりや地鳴きは様々で、同じ種でもいくつかの声を出すが、共通して「チッチー」などの細い声を出す。声がしたら木の中を枝から枝に移動しているものがいないかを探す。地上に下りてくることもある。冬には、群れを見つけたら、よく見ると複数の種の鳥を見られることもある。

お腹がオレンジ色のヤマガラ。

分類：スズメ目エナガ科
全長：約14cm
場所（時期）：
　平地から山地の林（一年中）

エナガ　柄長

木から木へ飛びまわる。

頭の上が白く尾が長い。

姿と魅力

丸っぽい身体につぶらな瞳が輝き、愛らしい。くちばしが小さく、白い頭で、目の上には黒い模様が背中まであり、肩の羽が淡い葡萄色をしていて、尾が長い。樹の上で、一箇所にとどまることなく、枝から枝へ飛び移り、幹に縦に止まったり、枝先にぶら下がったりと、いろいろな動きをするので見ていて面白い。

生き方

留鳥または漂鳥として、平地から山地の林に生息し、市街地でも木が多い公園などで見られる。冬には高所から低地に下りてくる個体もいる。小さなくちばしで、主に昆虫やその卵、クモ、また木の実や樹液も食べる。ホバリングしながら捕食したり、枝先に逆さになって葉の陰にいる餌を食べたりする。産卵期も群れでいて、相手が見つからなかったオスや繁殖に失敗したつがいなど、親以外の個体も雛に餌を与えることがある。つまり群れで子どもを育てようとしているわけだ。それでも天敵のカラス、イタチ、ヘビなどに卵や雛を食べられることが少なくない。

出会い方

エナガの存在は小さな「ジュリリイ、ジュリリイ」という鳴き声で気がつくことが多い。声がする方を見ると、木の中のわりと高い位置で何羽かがせわしく動き、頭が白く尾が長いとエナガだ。シジュウカラやメジロと一緒にいることもある。冬は数百mの範囲を群れで移動しているので前に見た付近を探すとよい。

虫や木の実を食べる。

アカゲラ　赤啄木鳥

分類：キツツキ目キツツキ科
全長：約24cm
場所（時期）：本州以北の平地
　　　　　　　から山地の森林。
　　　　　　　（一年中）

下腹部が赤いキツツキ。

姿と魅力

赤色のあるキツツキの仲間。頭や背が黒く、喉から腹は白っぽく、下腹部が赤い。オスは後頭部も赤い。白い顔に黒い目が目立つ。森の中で比較的大きな鳥が木の幹を移動したり、木をつついたりする姿は、野趣的に感じる。キツツキの仲間は、他に、より大きいオオアカゲラ、黄緑色のアオゲラ、小さなコゲラなどが日本に棲む。

生き方

森林に留鳥として棲み、冬に暖地に移動することもある。木の幹に縦に止まることもでき、足だけでなく尾羽でも身体を支えられる。木をつつくのは中にいる虫を捕るためで、虫を引っかけ出せるように舌は長く先がブラシ状になっている。また、縄張り宣言や求愛のためにも「タラララ」と大きな音でつつき、さらに巣穴を作るためにも木をつつく。食性は主にカ

ミキリムシの幼虫などの昆虫、クモなどだが、果実を食べることもある。木はつつかれて傷つくが、アカゲラによって害虫から守られている。使い終わった巣穴はムササビやヤマネなどの巣にもなる。

出会い方

古い木のある森林で、鳴き声の「ケッ、ケッ」や木をつつく音で気がつくことが多い。音のする方を探すと見つかることがあるが、警戒心が強いので飛んでいくことが多い。木の表面が削られていたり、穴が掘られていたりすると、キツツキがつついた跡の可能性があり、周囲に木くずがあれば新しいものだ。

木の中の虫を食べる。

キクイタダキ　　菊戴

分類：スズメ目キクイタダキ科
全長：約10cm
場所（時期）：亜高山の針葉樹
　　　　　　林（春夏）、低山・
　　　　　　平地（秋冬）

頭の上に黄色い模様がある。

姿と魅力

小さい身体に大きな目で、赤ちゃんのように愛らしい。全長が約10cm、体重が5g程度と日本で最小の鳥の一種。身体の上面はオリーブ色で、眼の周囲は白っぽく、翼には白斑がある。頭の上に黄色い模様があるのが特徴で、オスは黄色い模様の真ん中に赤色が入っている。

生き方

留鳥または漂鳥で、春夏は山地や亜高山の針葉樹林で繁殖し、秋冬は低地や暖地に移動する。水浴びの時以外は樹上で生活し、樹木の梢をせわしなく動き回り、細いくちばしで葉のすき間にいる昆虫を捕らえ、時にはホバリングをして昆虫やクモ類などを捕食する。6〜8月に針葉樹の樹冠に巣をつくり繁殖する。オスは繁殖期の縄張り争いやメスへの求愛の時にあたかも菊が開花したかのように頭頂の黄色の冠羽を扇形に逆立てて誇示する。

出会い方

亜高山など針葉樹林の山道を歩いていると木の枝に止まっていたり、ホバリングをしていたりする姿に出会うことがある。また、水場があれば水浴びにくることがある。さえずりの「ツツツツツチィーチィーチョチョ」や地鳴きの「チチチチ」がすれば近くにいるので声がする方を探す。冬は低地にも来ていて、緑が多い公園にもいる。ほとんど常緑樹の中にいるので、何か動いたら目で追いかけて、見える場所に出てくるのを待つとよい。シジュウカラなどとの混群にいることもある。

木から木へよく飛びまわる。

ウ ソ 鷽

分類：スズメ目アトリ科
全長：約16cm
場所（時期）：亜高山・高山の
　　　　　　　針葉樹林（春夏）、
　　　　　　　低山・平地（秋冬）

喉の周りが淡桃色をしている。

姿と魅力

喉の周りのほのかな紅色が美しい鳥。丸みのある身体で、オスメスともに頭の上と尾、翼の一部が黒く、背は灰色、胸から腹も淡い灰色である。オスのみ頬と喉の部分が淡桃色をしている。太く短く黒いくちばしで草木の実や種子を食べる。

生き方

本州中部以北で繁殖し、冬は九州以北の暖地に移動するほか、冬鳥としても北方から渡来する。本州では5〜7月の繁殖期に亜高山や高山の主に針葉樹のある林に生息し、秋から冬にかけては低山や平地に徐々に降りてくる。繁殖期は針葉樹の枝の上に椀型の巣をつくり、卵を産む。一夫一妻で、夫婦仲がよく、抱卵しているメスに、オスが餌を持ってきて与える。食べ物は草や木の実や種子、木の芽など植物質のものが主だが、昆虫なども食べる。「フィー、フィー」と口笛のような声で鳴く。

出会い方

春から夏は標高の高い山地の針葉樹林やハイマツ林にいて、草木の実や種子などを食べていて、時々、草地にも下りてくる。「フィー、フィー」という口笛のような声で気がつくこともある。冬は低山や平地にもやってきて、木の実やサクラのつぼみなどを食べることもあり、都市公園など意外な場所で出会うこともある。サクラの花芽を食べると、木の下に食べ残した花の鱗片が落ちている。

草木の実を食べる。

ルリビタキ　　瑠璃鶲

分類：スズメ目ヒタキ科
全長：約14cm
場所（時期）：亜高山の針葉樹
　　　　　　　林（春夏）、低山・
　　　　　　　平地（秋冬）

青とオレンジの色合いがさわやか。

を持てるらしい。

姿と魅力

とてもさわやかな青い鳥。すっきりした容姿で、鮮やかな水色の色合いが美しく、目が大きくクリっとして可愛い。青いのはオスの成鳥で、メスは緑褐色で尾だけわずかに青くなっている。どちらも腹面は白く体側面にオレンジ色の羽毛があり目立つ。

生き方

春から秋は繁殖地の亜高山など針葉樹林帯で過ごし、晩秋になると低山や平野にも下りてくる。餌となるのは昆虫などの小動物、果実などで、地表にも下り獲物を捕食する。オスの全身が青くなるまで3年程かかり、2年目のオスはメスに似た地味な色をしている。それでも繁殖ができ、メスの色の個体がさえずっていることがある。オス同士で縄張り争いが激しいが、青い色よりもメスと同じ色の方が受ける攻撃が弱いので2年目でも縄張り

出会い方

6～8月に針葉樹林で繁殖をするので、標高の高い山で出会う。個体数は比較的多く、生息地に行くと、尻下がりで口笛のような「ヒリョヒリョヒュルル」というさえずりがよく聞こえる。警戒心が強くなかなか見つからないが、木の枝に止まっていることがある。また「カッ、カッ」という地鳴きで近くにいることが分かる。冬になると、低山の沢沿いや里に下りてくる。地鳴きで存在が分かり、静かに待っていると出てきて割と低い位置の枝や岩などに止まることがある。

若いオスはメスに似ている。

ジョウビタキ　　常鶲

分類：スズメ目ヒタキ科
全長：約14cm
場所（時期）：平地から低山の
　　　　　　　開けた場所（秋冬）

オレンジ色の胸が目立つオス。

姿と魅力

冬になると可愛い小鳥がやってくる。オスの胸の鮮やかなオレンジ色が冬景色の中では明るく目立つ。頭の上が灰白色で、頬や喉、上面は黒い。メスは地味で、頭部から体上面は灰褐色、下面は淡褐色だが、大きな目がクリッとして可愛い。どちらも翼に白斑がある。しっぽを上下に小刻みに振り、キョロキョロと首を回す動きも愛らしい。

生き方

シベリアや中国などで繁殖し、10月頃に越冬のため日本全国に渡来し、平地から低山の林縁や農耕地、草地、河原、木の多い公園などで4月頃まで過ごす。縄張り意識が強く、渡来直後に「ヒッ、ヒッ」や「カッ、カッ」と縄張り宣言の声を出し、縄張りが落ち着くと、その中をぐるぐる巡回している。この声は火を焚く際の火打石をたたく音に似ているから「ヒタキ」

といわれる。昆虫やクモなどを主に捕食するが、ウメモドキ、ムラサキシキブ、ピラカンサなど木の実もよく食べる。飛ぶ虫を空中捕獲するほか、地上に下りて餌をとることも多い。

出会い方

逃げ込める林や藪が近くにあり、餌の昆虫などが多い水辺や畑など開けた場所によく見られる。小さな「ヒッ、ヒッ」という声で気がつくことも多い。あまり高くない枝や草、杭などの上によく止まり、そこから見渡し、餌を探しているので、そのような場所を探す。飛んでいっても、しばらくしてまたくることがある。

目がクリッとしたメス。

ベニマシコ・オオマシコ　紅猿子・大猿子

オオマシコ

分類：スズメ目アトリ科

全長：約17cm

場所（時期）：本州中部以北の山林、草地など（秋冬）

ベニマシコ

分類：スズメ目アトリ科

全長：約15cm

場所（時期）：北海道の草原や低木林（春夏）、本州以南の山麓や草原（秋冬）

姿と魅力

冬枯れの山里で温かみを感じる。ベニマシコやオオマシコのオスはうっとりするような紅色をしていて、枯れた野山を明るくするように美しい。木や枯草を動きまわり、実や種子を食べている姿を目にする。ベニマシコは全体的に紅赤色を帯び、喉や額は白く、翼に明瞭な2本の白色の帯がある。冬は赤味が淡くなる。オオマシコは頭部、胸から腹にかけて鮮やかな紅色で、額と喉の付近が銀白色で、背と肩羽には黒い縦斑がある。両種とも、メスは赤味がない淡褐色をしている。

生き方

北方からの冬鳥で、山地の林、林縁の草地などの植物の実や種子などで体力を維持し、春に戻っていく。ベニマシコは北海道でも夏に繁殖し、冬に本州以南に渡る。イネ科やタデ科の草の実を好む。オオマシコは中部以北に渡来するが数は多くない。ハギ類の種子を好んで採食し、

地面近くで草の実を食べていることがある。両種を含めアトリの仲間は、冬の枯れた植物についている実や種子が貴重な餌だ。

出会い方

草薮や低木林の中などで隠れていて、時々、草や木の実や種子、また、春には新芽を食べに出てくる。ベニマシコは「フィッ、フィッ」という声で、オオマシコは「チッ、ツィー」という声で鳴き、存在に気がつくこともある。毎年、同じ場所にくることが多いので、分かっていれば、その付近で探すと見つけやすい。気配があれば、静かにして待つと出てくることがある。

枯草の実を食べるオオマシコ。

カワセミ

翡翠

分類：ブッポウソウ目カワセミ科
全長：約17cm
場所（時期）：平地・低山の河川、
　　　　　　　湖沼、公園など
　　　　　　　の水辺（一年中）

水に飛び込み魚を獲る。

姿と魅力

「飛ぶ宝石」や「渓流の宝石」と呼ばれる
カワセミ。「翡翠」と書き、宝石の名にも
なっている。特に背中の帯状の青色が輝
いて美しい。この色は、羽毛の微細な凹
凸により光が屈折、反射し、緑や水色に
見える。また、胸のオレンジも鮮やかで、
丸い身体にくちばしが長い姿も愛嬌があ
る。水辺の枝や草などに止まり、そこから、
水に飛び込み魚を獲る。時にはホバリン
グもし、見ていて面白い。また、飛ぶ姿
は青い光が走っていくようで爽快だ。

生き方

水辺の留鳥で河川や湖沼、公園の池など
で見られる。餌は小型の魚類、水生昆虫、
エビ、カエルなど水中の動物。採食する
時は、水中にくちばしから飛び込んで捕
らえる。くちばしは空気や水の抵抗が少
ない形になっている。巣は垂直の土の壁
に横穴を掘ってつくり、オスはメスに獲
物をプレゼントして求愛行動をする。

出会い方

魚など餌が多い水辺に定住していて、一
年を通じて、概ね同じ場所に出てくる。
姿を現わすのは餌獲りの時で、水面に張
り出した草や木の枝、近くの石などに止
まっている。また、青い羽を見せ、まっ
すぐに飛ぶので、飛んできたら目で追い
かけて止まった場所を探す。鳴き声の
「チー」や「チッチー」で、気がつくこと
もある。水辺の石などに白い糞の跡があ
り、その上に枝などがあれば、よく止ま
る場所の可能性がある。

背中は青や緑
に見え、胸は
オレンジ色。

分類：ブッポウソウ目カワセミ科
全長：約38cm
場所（時期）：山地の渓流や湖沼
　　　　　　　（一年中）

ヤマセミ　　山翡翠

白黒模様が鮮やかな水辺の鳥。

姿と魅力

「渓流の貴公子」と言われるほど美しい。冠のように頭の毛が立ち、目がクリッとしていて、白黒の模様が鮮やかで、気品がある。また、水面にダイビングして魚を獲るので「渓流の狩人」でもある。さらに「幻の鳥」とも言われるくらい会えない鳥だ。カワセミの仲間で最も大きく、身体の背から尾が白と黒のまだら模様で、オスには顎と胸に褐色の斑がある。

生き方

水量が多い渓流や中流域、湖沼にほぼ留鳥として生息する。1羽かつがいで生活し、1～4kmほどの縄張りを持っていて、その中を動き回っている。警戒心が強く、100m位の距離に人を見つけると逃げていく。昆虫が落ちる場所に魚が集まるので、よく水面上に枝が張り出している木を止まり場にしている。餌はヤマメ、ウグイなど魚類が中心で、カエル、カニ、昆虫も食べる。食べ終わった後、何度も水浴びをして羽づくろいする。

出会い方

生息場所で水面に張り出した枝や枯れ木の上などに白い姿がないかを探す。「キャラッ、キャラッ」と鳴くので、その声で気がつくことも多い。声がして飛ぶ姿を見つけたら、目で追いかけると枝などに止まることがある。よく止まる場所の下に岩があれば、白い糞の跡がある。人がいる場所には近づかないので、遠くから、または目立たないようにして見るとよい。河川周辺の開発などで生息場所も個体数も減っている。

繁殖期のつがい。

モ ズ 百舌

分類：スズメ目モズ科

全長：約20cm

場所（時期）：平地から山地の
森林、里山、河
原など（一年中）

丸っぽい身体に長い尾。

姿と魅力

大きな頭、丸い身体が愛らしい。頭が茶
褐色、胸から腹は白みがかった茶色で、
尾は長い。オスメスは似ているが、オス
には目の周りに黒い過眼線がある。木の
枝などにポツンと止まっていることが多
く、尾をくるくる回しながら地上の餌を
探し、見つけるとさっと飛び降り捕まえ
る。それを見ていると面白い。

生き方

漂鳥または留鳥として、開けた森林や里
山、河原などに棲む。北部や山地の個体は、
秋になると南部や低い場所に移動し、越
冬する。春から夏の繁殖期はつがいで、
秋から冬はオスメス別々に縄張りをつ
くって生活する。獲物はバッタやコオロ
ギなど昆虫が多いが、ドジョウ、カエル、
カナヘビ、ネズミ、小鳥なども襲う。肉
を引き裂きやすいようにくちばしの先端
がカギ状に曲がっている。獲物をすぐに

食べないで、木の枝やトゲ、有刺鉄線な
どに刺しておくことがある。「モズのはや
にえ」と呼ばれ、餌の少ない冬に備え保
存しておくという説があり、実際に後で
食べるが、そのままにしておくことも多い。

出会い方

開けた場所で、よく見晴らしのいい木の
枝、杭の上などに止まる。尾をクルクル
と回しているとモズだ。秋には里や河原
などに来て、新たに縄張りを確保するた
め「キィーキィーキィー」と大きく鳴く
ので分かる。これは「モズの高鳴き」と
呼ばれている。はやにえがあれば付近に
棲んでいる可能性がある。

地上に下りて餌を捕まえる。

サシバ 差羽

分類：タカ目タカ科
全長：約47cm（オス）、
　　　約51cm（メス）
場所（時期）：平地から山地の林、
　　　　　　里山（春夏）

高い木に止まり餌を探す。

姿と魅力

鋭い目つき、太い足と大きな爪。猛禽類独特の精悍さを感じる。目の虹彩部分は金色に輝き黒目が目立ち、身体上面と胸は茶褐色で、腹は白く褐色の横斑がある。大きな羽をすーっと伸ばして大空を飛ぶ姿がたくましい。

生き方

夏鳥で、本州、四国、九州で繁殖し、冬は東南アジアなどで過ごす。丘陵地に水田が入り込んだ里山に多く、林のある農耕地や草地、伐採地のある山地の森林にも生息する。5月頃に卵を産み、雛が生まれると親は餌を獲って給餌して育て、9月頃に親も子も南方へ渡っていく。食べ物はカエル類、ヘビ類、昆虫類、ネズミ類、鳥類など多様。里山は水田、草地、林など違った環境が混じり、多様な生物が棲む。サシバは、昆虫を食べるカエルも、カエルを食べるヘビも食べる。餌の多い場所ではよく雛が育つので、育つ雛の数は里山の生きもの全体の豊かさに影響される。ということは、秋に南方に渡っていくサシバの数が、日本の里山などの生きものの豊かさを象徴していることになる。

出会い方

里山や山林などで、子育ての時期に高い木などを転々と飛ぶので、その姿で気がつく。木の頂きや電柱の上などを見ると止まっていることがある。また、秋の渡りの時期は、北東方面が開けた山や丘などで、晴れた日に南西方向に飛んでいく姿を見ることができる。そのための特定の観察場所も知られている。

秋には南方に渡っていく。

オオタカ・クマタカ 　大鷹・角鷹

オオタカ

分類：タカ目タカ科

全長：約50cm（オス）、約59cm（メス）

場所（時期）：平地から山地の林など（一年中）

クマタカ

分類：タカ目タカ科

全長：約72cm（オス）、約80cm（メス）

場所（時期）：低山から亜高山帯の森林（一年中）

姿と魅力

空飛ぶタカの姿は風格がある。オオタカはすべるように飛び、羽の白色が鮮やかで、目がキリッとして精悍だ。クマタカは白地に茶褐色の横斑がある羽で悠々と飛ぶ。どちらも狩りをする時は、木が生い茂る狭い樹間も素早く飛ぶことができ、木の上や地面近くから獲物の前に湧き出るように出現できる。

生き方

肉食性で、オオタカは平地から山地の林、河川などに棲み、主にハト位の中小型の鳥や、ノウサギなど小型哺乳類も捕える。クマタカは山地の森林に棲み、鳥類、哺乳類、爬虫類など多くの動物を捕食する。餌となるこれらの動物は、たくさんの植物や昆虫、小型の鳥類や哺乳類を食べるので、タカは膨大な数の生きものを食べていることになる。すなわち、タカが棲むということは、そこが多くの生きものを育む豊かな場所であることの象徴である。

出会い方

留鳥で、出現する場所がある程度決まっている。飛んでいる姿を見ることが多いので、見晴らしのいい場所で待つか、普段から空の鳥を気にしているとよい。オオタカはカラスと同じ位の大きさで白く、クマタカはカラスより大きく、白と黒の縞模様の羽をしている。カラスが騒いでいると近くにいることがある。また、両方とも大きな木の上方に止まっていることがある。オオタカは獲物の鳥が多い場所でよく見られ、また「ケッケッケッ」と鳴くので、声で気がつくこともある。

親子で飛ぶクマタカ。

イヌワシ　犬鷲

分類：タカ目タカ科
全長：約81cm（オス）、
　　　約89cm（メス）
場所（時期）：開けた場所のあ
　　　　　　る山地の森林（一
　　　　　　年中）

悠々と飛び風格を感じる。

姿と魅力

悠々と飛び、空の王者という風格を感じる。大きな羽をやや斜め上に傾けて広げ、羽ばたかずに飛ぶ。羽を広げると2m程になり、カラスの2倍位と大きく、キツネも持ち上げる飛翔力がある。オスメス同色で黒褐色または暗褐色で、退色した褐色の羽と新しい羽が混じり、まだら模様に見える。また、若鳥は両翼の中央部に目立つ白い部分がある。

生き方

留鳥として落葉広葉樹林と開けた草原などがある山岳地帯に棲み、ペアごとに60㎢ほどのなわばりを持つ。動物食でノウサギ、ヤマドリ、ヘビが多く、テン、キツネなども食べる。狩りの方法は上空から急降下で捕らえたり、林冠などを低空飛行で探したり、木や岩などに止まって獲物を待ったりと多彩。つがいの1羽が獲物の注意をひきつける共同ハンティングも行う。餌となる多数の動物とそれを育む豊かな森や草原などが必要で、自然度が高い場所でしか会えない。そうした環境が減り、日本全体で500羽位しか生息していないと言われている。

出会い方

生息地で飛ぶ鳥をよく見る。トビに似て茶色系だが、より羽が長く大きな鳥ならイヌワシの可能性がある。上昇気流にのって高度をあげるので晴れて風がある日中に飛ぶことが多い。高木や岩の上に止まっていることもある。ただし、生息数も少なく、また、毎日飛ぶわけではないので、出会うのは簡単ではない。

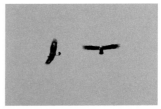

若鳥と親子で飛ぶ。

哺乳類について

1. 魅力

　野生の哺乳類に心を魅かれる人は少なくないだろう。哺乳類は、野鳥や蝶とは違い、カラフルなものが少なく、美しいとは言いにくいかもしれない。しかし、自然の中で出会うと何かワクワクする感覚があると思う。それはなぜだろうか。一つには、他の動物に比べて大きく、存在感があり、頭と4本の手足がある人間に近い姿が親近感があるためではないだろうか。また、中小型の哺乳類は、人間の子どもを連想し、子どもの代わりに可愛いと感じるのかもしれない。もう一つ考えられるのは、哺乳類は昔から狩猟の対象となっていて、その記憶が身体のどこかにあり、追いかけてみたいと感じるのかもしれない。哺乳類に実際に出会った時、楽しかったり、面白かったりするのは、次のような理由が考えられる。

❶姿が可愛い

　ノネズミはミッキーマウス、ノウサギはピーターラビット、クマはプーさんなどのキャラクターとして人気があり、抱きたくなるくらい可愛く、よくぬいぐるみにもなっている。実際に見ても、リスやムササビ、ノウサギは愛らしく、アナグマ、タヌキなども愛嬌がある。共通して目がクリッとしていて、おっとりしているようで、心が魅かれるのだろう。

❷動作が面白い

　動き回る姿や食べる動作が興味深い。リスやムササビ、ニホンザルなどは木に登っ

たり、木から木に飛び移ったりする。その姿を見ると野生的で面白い。

❸行動が興味深い

　哺乳類は様々な行動を見せる。例えば、子どもを育てる行動や子ども同士の遊び、繁殖期のオスメスの仲がいい行動、また、種によって群れて行動したり、単独行動をしたりと様々だ。なぜそのように行動するのかを想像したり、また、人間と同じようだと連想したりすると、さらに面白い。

2. 哺乳類の特徴

　哺乳類は、名前のとおり、乳で子どもを育てるのが特徴だ。ほかにも、周囲の様々な環境に適応できる身体になっている。主な特徴は次のとおりである。

❶授乳

　未熟な状態での出産が可能だが、生まれてからすぐに子どもに授乳をして栄養を与え、保護して育てる期間が必要である。その間は親の負担が重く、少ない子どもを大切に育てる傾向がある。

❷体毛

　体表を覆う体毛を持つ。体毛は体温の発散を防ぐほかに、触覚の役割も持つ。また、天敵に目立たないよう、雪の中で白色に、林下で鹿の子模様になるなど、保護色に変わる場合がある。

❸恒温動物

　食物で得たエネルギーを体内で燃やして温度調節をしていて、体温をほぼ一定に保っている。そのため寒冷など気候変動もある程度生きられるが、発熱のための

エネルギーを摂らなくてはいけない。

❹食べ物に適した歯

歯があり食べ物を切り砕いて食べる。肉、草など食べ物に合わせて、切り裂く歯やつぶす歯など違う形の歯の組み合わせになっている。肉食動物は切り裂く歯、草食動物はかみつぶす歯が主にあり、雑食動物は両方持っている。この結果、様々な形態の動植物を食べることができる。

❺頭脳が発達している

一部の動物は声でコミュニケーションしたり、指を使って食べ物を採ったり、餌のありかを覚えることができる。それは頭脳が発達しているからで、その典型的な動物は人間である。

3．種類

日本の陸上には110種程の哺乳類が棲んでおり、大きく次に分かれる。

・モグラの仲間（食虫目）
　アズマモグラ、コウベモグラ、カワネズミ、ヒミズなど
・コウモリの仲間（翼手目）
　アブラコウモリ、キクガシラコウモリ、ヒナコウモリなど
・サルの仲間（霊長目）
　ニホンザル
・ウサギの仲間（ウサギ目）
　ニホンノウサギ、エゾナキウサギなど
・ネズミの仲間（齧歯目）
　ニホンリス、ニホンモモンガ、ムササビ、ヤマネ、ヒメネズミ、アカネズミなど
・ネコの仲間（食肉目）
　ツキノワグマ、キツネ、タヌキ、テン、ニホンイタチ、ニホンアナグマなど
・ウシの仲間（偶蹄目）
　イノシシ、ニホンジカ、ニホンカモシカなど

環境によって見られる哺乳類

これらの動物は、平地から山地の森林、亜高山や高山、市街地周辺、河原、田畑など様々な場所に棲む。本州を例にとると、概ね次のような分布をしている。

①山地の森林

植生が豊かで餌も多く、ニホンリス、タヌキ、キツネ、アナグマ、ヤマネ、テン、ニホンジカ、カモシカ、ツキノワグマ、イノシシなど多くの動物が生息している。

②亜高山帯の森林

寒冷で餌が少なく、動物の種類は少ないが、オコジョやモモンガ、ヤマネ、また、場所や季節によってカモシカやニホンジカ、ニホンザルなどが見られる。

③丘陵や里山

山地の動物も棲んでいるが、特に人家に近い場所ではタヌキやイタチ、キツネなどが多い。

④農耕地や草原

ノウサギやキツネ、モグラ類などが生息しているほか、近くの森から動物が出てくる。

⑤水田や河川などの水辺

水中の魚も食べるイタチが棲み、タヌキやキツネ、イノシシなども現れる。

4．生き方

哺乳類の生き方は、種により違いがあるが、概ね次のような行動パターンがある。

❶行動範囲と棲みか

野鳥のように遠くへ飛べないので、多くは一定の範囲に定住している。ただし、夏は高所に行き、冬は山里に下りるなど、餌を求め季節移動することや繁殖期のオスがメスを探して移動することがある。また、穴や藪、草むらなどをねぐらとして利用している種は、ねぐらを中心とした範囲で行動する。

❷食べ物と天敵

ニホンジカやウサギなど草食の種とテンやイタチ、キツネなど肉食の種、ツキノワグマやニホンザルなど雑食性の種がいる。しかし、肉食動物も果実などの植物も食べることがある。

ネズミやノウサギなど中小形の種の天敵は、肉食哺乳類や野鳥の猛禽類、ヘビなどである。大型の種でも子どもなどは、クマタカやイヌワシなどの猛禽類に食べられることがある。

❸群れをつくる

種によっては、複数の個体が一緒に行動する群れをつくる。代表的な種はニホンザルやニホンジカなどで、数十頭がまとまって行動していることがある。これら動物でも、オスは成獣になると、繁殖のために群れから離れてメスを探すようになる。他に、子育ての時は親子で過ごし、成獣になると単独で過ごす種やほとんど家族で暮らす種がいる。

❹繁殖

多くの種は年1回、ノネズミやノウサギ、ムササビなどは年2回以上、子どもを産む。繁殖活動を行う時期は、種によって春や秋と異なるが、子どもを産む時期は、ほとんど春から初夏にかけてとなっている。これは、ちょうど植物が活発に育ち、昆虫などがたくさん発生する食べ物が多い時期と一致していて、子育てがしやすいためだ。

❺活動時間（昼行性、夜行性）

昼行性の動物と夜行性の動物に分かれるが、夜行性と言われるタヌキ、テン、アナグマ、イノシシ、ノウサギも昼間も活動することがあり、昼行性のツキノワグマも夜に活動することがある。夜に活動するのは、明るい昼間には猛禽類などの天敵に狙われるのでそれを避けるためだが、人間を避けるためもある。また、肉食動物は暗い方が身を隠して獲物を狙えるからでもある。

❻越冬

ツキノワグマ、アナグマなど一部の動物は、餌の少ない冬は活動をやめて、穴などにこもり冬眠状態になる。しかし、餌の少ない冬も活動する哺乳類も多い。冬を越すため、ニホンジカやニホンザルは木の樹皮や雪の下の草や根などを食べ、また、ニホンリスやネズミは秋のうちにドングリなどをどこかに埋めるなどして保管しておき、後で食べる「貯食」という行動をとる。

5. 出会い方

野生の哺乳類に会いたいと思っても、人に対する警戒心があり、会うのは難しい。夜行性や早朝、夕方に活動するものが多く、藪や樹木の葉に隠れているものもいる。また、種によっては絶対数が多くない。それでも、身体が大きいので、遮る物が少ない場所に出てくれば、遠くからでも姿を見ることができる。

比較的、見やすい種はニホンザルやニホンジカ、次にタヌキやアナグマ、ムササビ、リスの仲間、カモシカとなる。これらは時間や工夫、運も必要だが、出会う可能性が高い種だ。しかし、テンやノウサギ、キツネは夜行性であり、警戒心が強いので簡単ではない。そんな哺乳類に出会うためには、次のようなことで出会いの可能性が高くなると考えられる。

❶情報

他の生きものと同様に、哺乳類の生息や出没に関する情報を事前に入手するとよい。ホームページやブログなどに哺乳類の生息情報や目撃情報が出ていることがあ

る。しかし、その情報により出会う可能性が高くなっても、いつでも出会えるわけではない。また、哺乳類の観察会はあまり開かれていない。比較的、信頼できるのは現地での情報で、現地をよく歩いている人や国立公園などでは現地のビジターセンターなどの人に聞いてみると、近くで見られる動物を教えてもらえることがある。ただし、大体が「見られることがある」という情報で、確実なものではない。

このような情報を参考に、自分の足で歩いて探すか、時には出てくるのを長時間待つしかない。いろいろと試行錯誤しているうちに、思いがけず出くわすことがあり、それをきっかけに同じ場所に繰り返し行くなどして、次第に見られる回数が増えてくることがある。

❷動物の行動パターンを知ること

それぞれの動物がどんなところに棲み、いつどの辺で、どのように現れるかの行動パターンを知っていると狙いを絞る。定住性が高い動物が多いので、過去の出没した場所や季節、時間が参考になる。同じ場所に同じ時間に行くと、同じように出てくることがある。餌となる好みの木の実などの場所が分かっていると、それがある時期に行くと可能性が高い。また、一般的に、繁殖期には活動が活発になる。哺乳類の場合、天候はあまり活動に影響されず、むしろ天気が悪い方が安心して動物が出てくることもある。

❸痕跡

フィールドで、哺乳類が付近に生息しているかは痕跡で確認できる。痕跡には足跡、フン、食痕、毛、木の幹の爪痕や角研ぎ痕、皮剥ぎなどがある。分かりにくいものもあるが、それぞれの動物が残す特徴的な痕跡を覚えておけば、生息を確認できる。ただし、新しい痕跡は近くにその動物がいる可能性があるが、古いものは近くにいるとは限らない。

❹見つけるには

フィールドでは、動物の探し方を心得ていると出会う可能性が高くなる。哺乳類の観察では、遠方を探すことが多く、木や岩や草など様々な物がある自然の風景の中で動物を見つけ出すのは簡単ではないが、次のように探すと見つけやすくなる。

・動くものがあったらよく見て追いかける
・動物の色を探し、その色があればよく見る
・不自然な木の揺れがあれば、付近をよく見る
・動物の声や石が落ちる音などがしたらその付近をよく見る
・気になるものは双眼鏡などで確認する

❺隠れて待つ

動物から見ると、立っている人の姿は目立つようである。また、動く音にも敏感である。そのため、動物の警戒心を減らすように人の方が「座ってじっとしている」、「車や建物などの中にいる」、「カモフラージュのネットをかぶる」などで待つことにより現れることがある。

ノネズミの仲間　野鼠

ヒメネズミ

分類：齧歯目ネズミ科
頭胴長：65 〜 100mm
尾長：70 〜 110mm
見られる時期：一年中
生息地域：
北海道、本州、四国、九州

丸い耳とつぶらな瞳。

姿と魅力

ミッキーマウスのような丸い耳とつぶらな瞳が可愛い。ノネズミの仲間、ヒメネズミやアカネズミなどは夜に人知れず地面や樹の周りを動き回っている。体色は橙褐色や茶褐色で、腹面は白色。目は身体の割に大きく上向きで、餌を食べながらでも、天敵を警戒し上を見ている。

生き方

平地から高山帯に生息し、地中に巣穴を作り、巣穴から出るのは通常夜間だけ。単独で行動し、主に地表で活動するが、ヒメネズミは樹上でも活動ができ、樹上でバランスを取るのに有利なように、身体の割に長い尾を持つ。繁殖は年1〜2回で、妊娠期間が短く、最大12頭と多産なので繁殖能力が高い。食べ物は主に植物の種子や根茎などで昆虫類も捕食する。秋に活発に活動し、ドングリなどを巣穴や地中に貯蔵し、後で食べる習性が

ある。それが、食べ忘れられて、芽が出て育つことがあるので、木の繁殖と移動を助けている。天敵はテン、キツネ、フクロウ、ヘビなど。食べられることで、これら動物たちの助けにもなっている。

出会い方

斜面や木の根、石の間などにある穴が巣になっている。夜行性で警戒心が強く、昼間は特別なことがないかぎり見られない。夜間に、偶然出会うか、巣穴の付近で静かに待つなどして見られる可能性がある。痕跡は、バラバラになったドングリや穴の開いたオニグルミなどの食痕や長さ数ミリの細長い糞。

ドングリを隠して後で食べる。

分類：齧歯目リス科
頭胴長：27～49cm
尾長：28～41cm
見られる時期：一年中
生息地域：本州、四国、九州

ムササビ 鼯鼠

膜を広げて滑空する。

巣穴から顔を出す。

姿と魅力

ムササビが飛ぶ光景を見ると誰もが驚く。座布団のような四角い白い物体が頭の上をすーっと通り過ぎる。高い木から飛び出し、前足と後足の間の膜を広げて滑空して、森の中に消えていく。運よく木の上の姿に出会うと、リスのような身体で、顔に斜めに白い帯状の毛があり、クリっとした目と丸い鼻で愛らしい。仲間には、より小さいニホンモモンガやエゾモモンガがいる。

生き方

平地から山地の森林の樹上で暮らし、夜行性で日没後に活動する。昼間は、木の幹にある、入口が握りこぶしぐらいの巣穴にいる。この穴は樹洞やキツツキ類がつついて開けたものである。食物は様々な木の葉や芽、果実、花など。餌となる樹種が多く、巣穴となる古い木や、移動のための高い木がある森に好んで棲む。木から木へ滑空して飛び移り、樹上で餌を探して、食べる。

出会い方

山地だけでなく、里山や神社など意外に人家の近くにも棲む。会うためには巣穴から出る時を待つか、歩きながら探すかだ。日暮れ前に、入っていそうな巣穴を探し、近くで待っていると、入っていれば普通日没後30分位で出てくる。また、赤いセロファンをつけたライトで木を照らしながら歩くと、眼が光るので分かる。「グルルー」という声で気がつくこともある。痕跡は、巣のある木の根元付近に落ちている正露丸のような丸い糞やかじられた葉や果実などである。

ニホンモモンガ。

ニホンリス 日本栗鼠

分類：齧歯目リス科
頭胴長：16〜22cm
尾長：13〜17cm
見られる時期：一年中
生息地域：本州、四国、九州
　　　　　（絶滅の恐れ有）

樹上を自由に動き回る。

姿と魅力

ぬいぐるみのように愛らしい。目がクリッと大きく、身体が柔らかい毛で覆われ、尻尾がふわっとしていて触りたくなるくらいだ。動作も子どものようにちょこちょこしていてあどけない。毛の色は、夏は赤褐色、冬は灰褐色で耳の先端の毛が立つように伸びる。どちらも腹部は白色。仲間には北海道に棲むエゾリスとエゾシマリスなどがいる。

生き方

平地から亜高山の森林に棲み、樹上にいることが多いが、地上に下りることもある。枝の上を素早く動き回り、幹を垂直に上下に移動し、また、木から木へ飛び移る。このため、爪が発達していて、樹上でバランスを取るため身体の割に尾が長い。食べ物は果実や若葉、冬芽、きのこ、昆虫、鳥の卵など。秋には、食べ物を地中に埋めたり、木の分岐部にはさんだりして貯蔵し、それを冬に食べる。しかし、時には地中に埋めた種子が忘れられて発芽することがあり、植物の移動に貢献している。天敵はキツネやテン、猛禽類などで、警戒心が強い。

出会い方

昼行性なので哺乳類としては比較的よく見られる。木の枝や幹を動きまわったり、餌を食べたりしている。季節によるが、比較的早朝に活動する。オニグルミやマツ科の実をよく食べるので、これらの木が多い森を好む。食痕はエビフライのような形の松ぼっくりを食べた痕やオニグルミの果実を2つに割って食べていた痕などである。

エゾシマリス。

ニホンノウサギ 日本野兎

分類：ウサギ目ウサギ科
頭胴長：48〜54cm
尾長：2〜5cm
見られる時期：一年中
生息地域：本州、四国、九州
（北海道にはエゾユキウサギ）

昼間は藪や木の根元で休む。

姿と魅力

長い耳と大きな目の可愛い顔。ノウサギは夜を中心にひっそりと活動している。身体は褐色の毛で被われているが、積雪地帯では冬に体毛の色が落ち白くなる。このため雪の中で目立たず、天敵に対してカモフラージュになる。

生き方

平地から亜高山帯までの草原や森林などに生息する。普段は単独で生活し、夜行性で昼間は藪や木の根元で休み、夜はねぐらを中心に数100mの範囲で行動する。植物食で草を中心に、木の葉や若枝、冬は樹皮も食べる。キツネやテン、イタチ、イヌワシなど天敵が多い。ノウサギは天敵と戦う武器はないが、防衛手段として感度のよい耳と後足の瞬発力がある。耳で敵の存在をキャッチし、長い足と強い筋力で最高時速80kmの瞬足で逃げることができる。天敵に食べられることが多いが、1年中3〜5回繁殖できるなど繁殖力が強く、ある程度捕食されても、しっかり命をつないでいる。

出会い方

夜行性のため見ることは難しいが、まれに早朝や夕方などに出てくることがある。痕跡で目立つのは糞。直径1.5cm位でやや平たくて丸い形のものが草原などに落ちていることがある。食痕は、草の食べ跡の切り口で、ニホンジカがギザギザなのに対し、前歯が鋭いのでナイフで切ったようになっている。また、雪の上では、前足が縦に2つ、後足が横に2つ並び、Y字のようになった足跡が見られる。

夕方、草を食べに現れた。

ニホンカモシカ 日本氈鹿

分類：偶蹄目ウシ科
頭胴長：70 〜 115cm
尾長：6 〜 7cm
見られる時期：一年中
生息地域：本州、四国、九州

岩場で休む親子。

逃げないでこちらを見ることも。

姿と魅力

「幻の動物」といわれるカモシカ。昔は絶滅も心配されたが、今では山地や里山などで出会うことも珍しくない。出会うと逃げないでこちらを見ていたり、食事をしていたりすることがある。そののんびりとした姿に親しみがわく。身体は灰褐色か白に近い淡い体色をしている。ニホンジカと違い、オスメスともに短い角があり、生え変わらない。

生き方

山地や亜高山、その周辺に生息し、主に樹の葉や草本、ササ類を食べる。定着性の動物で直径500m 〜 1kmを行動圏として単独で生活する。時々オスメスの夫婦や母子の家族で生活し、オスは放浪もする。特徴的な行動は、行動圏のなかで縄張り宣言のために行うマーキング。眼の下にある眼下腺から粘液を分泌し、葉の裏や木の幹や枝などにこすりつけるというものだ。普段の生活は単調で昼夜を問わず採食と休息を繰り返している。

出会い方

定着性なので、一度見た場所や生息情報のある周辺で見る可能性が高い。山地で斜面などを見ながら歩くと、木の葉を食べていたり岩の上でじっと休んでいたりする姿に出会うことがある。見晴らしのいい場所では、遠くに灰色の丸っぽい物があれば、双眼鏡で確認するとカモシカのことがある。痕跡として二つの蹄（ひづめ）による「こ」の字のような足跡や1.5cm位で黒く俵型の糞があり、どちらもニホンジカと似ていて区別は難しい。

のんびりとした雰囲気。

分類：偶蹄目シカ科
頭胴長：90〜190cm
　　　　（北に行くほど大型）
尾長：8〜13cm
見られる時期：一年中
生息地域：全国（東北など多雪
　　　　　地を除く）

ニホンジカ 日本鹿

角がある繁殖期のオス。

鹿の子模様の夏の毛。

姿と魅力

尖った鼻と口に大きな目と耳で端整な顔立ちをしている。特に、小鹿は小さい身体のわりに目がクリッとしていて可愛い。夏の毛は赤茶色に白い斑点がある鹿の子模様。この模様は、木漏れ日があたる林床で他の動物が見つけにくい保護色になっている。秋から冬の毛は褐色になる。母親が子どもに餌を与えたり、背中をなめたりして世話をする姿には、ほのぼのとする。

生き方

日本には地域によってエゾシカ、ホンシュウジカ、キュウシュウジカなどが分布し、平地から山地の森林や草原などに棲む。夜行性の傾向が強いが、昼間も活動する。植物食で草や木の葉、実、時には樹皮も食べる。オスにはメスの奪い合いのために角がある。角は毎年生え変わり、秋の繁殖期に最も大きくなり、春には落ちる。

出会い方

シカの数は、天敵だったオオカミが絶滅し、苦手な積雪も減ったことなどにより増えている。そのため、比較的目にしやすく、人が少ない山道で出会ったり、草原などで草を食べている姿を見ることがある。シカと近くで出会った時は、大体シカの方が先に人に気がつき逃げていく。その時「ピィ」と声をあげるので、その方向を見ると白い尻を見せて逃げる姿や、止まってこちらを見ている姿が見られることがある。シカの痕跡は、二つの蹄による「こ」の字のような足跡や、1.3cm位で黒く俵状の形の糞、また、木の幹への角の研ぎ跡として残る傷などである。

目がクリッと可愛い小鹿。

テン　貂

分類：食肉目イタチ科
頭胴長：41〜49cm
尾長：17〜23cm
見られる時期：一年中
生息地域：本州、四国、九州

立って周囲の様子を伺う。

夏は夜に目立たない黒い顔。

姿と魅力

金色のように輝くきれいな毛並み。冬には顔が白く、身体は黄金色になって美しく「森の妖精」と言われるほどだ。夏の顔は黒い。黒は暗夜で、冬の白い顔は雪の中で目立たなく、獲物に気づかれにくくなっている。細長い身体つきをしていて、ネコより少し大きく尻尾が長く、足が黒いのも特徴だ。似た主な種として北海道にエゾクロテン、平地などにニホンイタチ、亜高山などにオコジョがいる。

生き方

主に低山から亜高山の広葉樹林に生息する。ほぼ夜行性だが、人があまり入らない山地などでは日中でも活動している。雑食性でネズミやノウサギなど哺乳類、鳥類、爬虫類、両生類、昆虫類などの動物のほか、アケビやヤマブドウ、サルナシなど果実類も食べる。主に地上で生活するが、木登りも上手で、太い幹を垂直に移動したり、細い小枝を渡ったりでき、樹上のリスや鳥の卵や雛、果実を食べることができる。

出会い方

ほぼ夜行性で警戒心も強く、見ることは難しいが、人気の少ない川沿いや森の中などを静かに歩いていると、夕方など明るい時でも出会うことがある。秋は、果実をよく食べるので、好物の果実がついていて、近くに糞が落ちている木にくる可能性がある。痕跡として、糞は長さ数cm、太さが1cm位と棒状で細長く、縄張りを示すため目立つ石や杭の上などによくある。足跡は爪のある5本指の跡。

ニホンイタチ。

キツネ　狐

分類：食肉目イヌ科
頭胴長：40〜76cm
尾長：25〜45cm
見られる時期：一年中
生息地域：
北海道、本州、四国、九州

跳び上がり上から獲物を捕る。

姿と魅力

狩人のような精悍な顔のキツネ。口先がとがり、頬がこけ、耳が直立し、目がキリッとしている。胴体は犬に似ているが、犬より太くて長い尾をまっすぐ伸ばして歩く。

生き方

キタキツネが北海道に、ホンドキツネが本州、四国、九州に棲み、平地から高地の森林と農耕地、原野などが混在する環境を好む。肉食の傾向が強い雑食性でノネズミ、ノウサギを中心に、昆虫のほか、果実なども食べる。ネズミなどを捕食する時は、一気に高く跳びあがり、真上から襲いかかる「躍りかかり」という方法を取る。人に聞こえない高い音も聞くことができ、雪の下のネズミが動いた音も分かり、この方法で捕まえる。日当りの良い林や草原などに巣穴を作り、その中で4月頃、子を産む。仲間同士でコミュニケーションを取り、争う時、発情期に

オスがメスを呼ぶ時、危険を知らせる時などそれぞれの鳴き声がある。

出会い方

ほぼ夜行性で夜間に道路で出くわすことが時々あるが、まれに夕方など昼間に出会うこともある。しかし「キツネは、人を化かす」というくらい警戒心が強く、人間に気がつくとすぐ逃げていく。じっくり見ようとするならば、出没する場所を探し、付近で隠れて待つようにしないと難しい。痕跡は、糞が目立つ所にもあり、棒状で大人の手の指より少し大きいくらい。足跡は4本指でタヌキに似ている。

太くて長い尾が特徴。

ニホンアナグマ 日本穴熊

分類：食肉目イタチ科
頭胴長：45〜70cm
尾長：12〜18cm
見られる時期：春から秋
生息地域：本州、四国、九州

パンダのようなとぼけた顔。

姿と魅力

パンダのように愛嬌がある動物だ。黒い模様が目の周りにあるとぼけた顔で、短い足、ずんぐりした体形で、動作もたどたどしいので親しみを感じる。全体的に暗い黄薄茶で、胸から足にかけて黒褐色をしている。

生き方

里山から亜高山の森林に棲んでいて、地面にトンネルを掘って巣穴として生活している。穴を掘るため前足は幅が広く爪が太くて湾曲している。穴は大体斜面に掘られ、中は枝分かれして出口がいくつかある。穴の中でも過ごすため嗅覚と聴覚は鋭いが、視覚は弱い。夜行性と言われるが昼も活動する。冬は巣穴内で冬眠する。雑食性で昆虫、カエル、落ちた果物やドングリ、キノコなどなんでも食べるが、特に土を掘ってミミズをよく食べる。糞は同じ巣穴に棲む家族が同じ場所にして「ため糞」になっている。

出会い方

林道や登山道で道脇の地面を探っている姿が時々見られる。そこには地面や落ち葉をかき分けたような跡が残っている。巣の周辺で活動するので、斜面の岩や木の根元など巣穴がありそうな所で出会うことがある。見かけた時、アナグマは音に敏感だが目が悪いので、じっと静かにしていればそのまま見続けられることがある。一度見かけた場所には、また出てくることがあるので、同じ時間帯に行くと出会える可能性がある。足跡は5本の指で爪跡もある。

短い足にずんぐりした体形。

分類：食肉目イヌ科
頭胴長：50～60cm
尾長：13～20cm
見られる時期：一年中（北海道は冬以外）
生息地域：沖縄県を除く全国

タヌキ　狸

冬はよりふっくらした毛になる。

夜、道端で見かけることがある。

姿と魅力

タヌキを見るとほのぼのと感じる。目の周りがパンダのように黒く、ふっくらした毛で、とぼけた雰囲気があり、親しみがわく。特に冬の毛では丸々とした身体となる。出会っても、じっとしていれば、すぐに逃げないで、ゆっくり地面の餌を探りながら動き回っている。時には、止まってこちらを見つめることがあり、しっかり姿を見ることができる。

生き方

平地から山地の森林や里山などに生息し、水辺に近いササなどが密生する林を好む。隠れる草木があれば都市の公園などにも棲む。雑食性でミミズや昆虫類、ネズミ、果実や穀類、生ごみなど、様々なものを食べる。ほぼ家族で暮らし、同じ場所で糞をし、糞のにおいで食べた物などの情報交換をしている。ねぐらは他の動物が掘った穴、岩の隙間や木の根元の洞、人家の床下など様々な場所を使う。食べ物もねぐらも、周りにあるものに順応して暮らしている。

出会い方

警戒心は強くなく、比較的出会いやすい動物で、ほぼ夜行性だが日中に見られることもある。夜は、ライトで照らして移動していると道端などにいることがある。昼間も自然度の高い場所で、突然、出会うことがある。また、ねぐらがある場所では、日暮れの頃に静かに待っていれば出てくることがある。痕跡として、4本の指と爪がある足跡と、数cmの棒状の糞がたくさんある「ため糞」が見られる。

水辺に近い林を好む。

ツキノワグマ　月輪熊

地面のアリなども食べる。

木の上で花や実などを食べる。

姿と魅力

丸い顔にぽつんとある目と丸い耳でおっとりしたように見える。身体は黒く、通常、胸に三日月やV字の形をした白い斑紋がある。大きい動物のイメージがあるが、日本のツキノワグマの場合、平均して140cm位で特別大きくはない。クマはプーさんやテディベアなどでは好かれている。しかし、本物のクマは人に危害を与えることがあり怖がられている。実際は、人を襲うことは稀で、通常、森の中で、地面の草やアリなどの小動物、木の実や花などを食べ、森の恵みを受けて穏やかに生きている。むしろ、人を恐れて逃げていくくらいだ。

高い木の上にも登る。

生き方

平地から亜高山帯の森林に生息し、落葉広葉樹林に多い。冬は、樹洞、岩穴などで冬眠し、冬眠中に通常2頭の子を出産する。昼行性で、早朝と夕方が活発であるが、人間の生活空間に出没する時は夜間が多い。植物が主の雑食性で、春は草、木の新芽や花など、夏はイチゴやサクラなどの果実、秋は冬眠に備え栄養価の高いブナやミズナラなどの果実を食べる。動物ではアリやハチなどの昆虫類、魚類などを食べる。

手の力が強く、つめが曲がっていて頑丈で鋭く、木を登ることもでき、木の上でも実や花などを食べる。木の上で食べる時に枝を折り、その時折った枝を自分のお尻の下に敷くため枝が重なった「クマ棚」を残す。また、枝を折ると大木の枝

分類：食肉目クマ科
頭胴長：120〜180cm
尾長：7〜9cm
見られる時期：春から秋
生息地域：本州、四国

広い範囲を移動する。

が減るので、地面の日当りがよくなり、新たな植物が生えやすくなる。

さらに食べた実の種子を移動して糞として出すことで散布し、植物の移動を助けている。特に、野鳥が食べない大きな果実も食べるので、運べる種子の種類が多く、また、サルなどよりも行動範囲が広いので、遠くに散布することができる。このように、クマの活動は生きものの種類が多い豊かな森づくりに貢献している。

子は猛禽類、キツネなどの天敵に食べられることがある。人間も天敵で、クマが人間の存在を知ると、大概は勢いよく逃げていく。

出会い方

クマとの出会いは危険が伴うので避けた方がよい。近くで見るのは危険なため観察するときは遠方から探す。山中で谷を隔てて対岸の斜面や山の上部や下部を見て、動く丸っぽい黒い点を探すと見つかることがある。特に、木に登って食事している時、また、草原や岩場を移動したり、草やアリなどを食べたりしている時に見つけやすい。餌となる木の花や実などがある時期と場所、また、オスがメスを探し移動している繁殖期の5〜7月に見られる可能性が比較的高い。ただし、木の下にいることが多いので、簡単には見られない。

痕跡は、手のひら位の大きさになる糞や足跡、木の幹についた爪痕、樹皮をはがしたクマ剥ぎ、木の上で食べた後のクマ棚などである。なお、近くで出会うのを避けるため、危険性の高い場所や時間帯では鈴や会話などで音を鳴らした方がよく、安全のためクマ撃退スプレーを持っていることをおすすめする。

人がいると逃げていく。

ニホンザル　日本猿

手の指を使い、様々なものを食べる。

姿と魅力

人間によく似ているニホンザル。しっぽがあり、全身に毛が多いなどの違いがあるが、人間と共通している点が多い。そのため、行動を観察すると人間との結びつきを連想できて面白い。通常、群れで行動し、数十頭位の個体が一緒に過ごしている。そこには大きくたくましいオスやスリムで若い個体、赤ちゃんを抱いている母ザルなどがいて様々な行動をしている。木の上や地面で採食をしている姿をよく目にし、毛づくろいしているペアや、木に登り、飛んだり、ぶら下がったり

群れで仲良く暮らしている。

と何頭かで遊んでいる子どもも見ることがある。また、時には、群れから少し離れて仲良くくっついているオスメスのペアもいる。何か人間の行動の素朴な姿を見ているようで、ほのぼのと感じる。

生き方

広葉樹林を主な生息地とし、昼行性で、餌が多い初夏が出産期となる。生き方の特徴は「食べ物の多様性」、「樹上の暮らし」、「手の指を使うこと」、そして「群れの生活」だ。

食べ物は、植物では葉や実、花、草、芽、時には根を掘り、樹皮をはがし、多くの部分を食べる。他にも昆虫や貝類なども食べる。このように多様な物を食べるから様々な環境に適応できている。

また、樹上で立体的な暮らしをしていて、木の枝から他の木の枝に飛び移って移動することも多い。この難しい移動の時に眼と手足をうまく使うため、脳が発達したと言われている。その知能の発達が人

分類：霊長目オナガザル科
頭胴長：45 〜 60cm
尾長：6 〜 13cm
見られる時期：一年中
生息地域：本州、四国、九州

樹上の暮らしが脳を発達させた。

毛づくろいをして助け合い、仲間意識を育む。

間につながっているらしい。

そして、手の指を器用に使い、植物の一部や獲物などの餌をとることができる。この手を使うことが人間が道具を使うことに発展し、今の文明があるともいえる。さらに、若いオスなどを除き、群れで仲良く暮らしている。仲がいいのは「頼る、頼られる」、「ついていく」という基本行動による。野生のサルにはボスや子分のような順序関係はなく、お互いに思いやり、時には頼り、時には頼られる。それを象徴するのが「毛づくろい」だ。交互に毛の中の虫などを取る行動だが、これをされると気持ちよく、お互いに助け合うという仲間意識がめばえる。仲間意識があるので、餌を独り占めしないで分け

子どもは遊んで運動神経を高める。

合って食べ、寒い時はくっついて暖め合い、危険があると知らせる。この素晴らしい仲間意識で厳しい環境でも生きながらえている。

出会い方

比較的見られる哺乳動物で、集落の近くから山奥まで、道沿いの木や斜面、また、河原やダムサイトなどで見られる。群れで概ね 3 〜 15k㎡程の範囲で定住しているので、群れがいる場所を知ると探しやすい。サルの存在は「クークー」や「キー」などの声や石が落ちる音、また、木の枝が不自然に揺れることでも分かり、その場所を探すと見つかることがある。

目立つ痕跡は、糞。長さ 10cm 弱位の節のある棒状で、湿った新しい糞があれば、近くにいる可能性が高い。足跡は 5 本の指が長く人間の手に似る。食痕は、食い散らかして落ちた木の実や葉など。

サルに出会ったら刺激せず、離れた場所で動かないで見ていれば、逃げられずに、自然の姿を見ることができる。

あとがき

藤原裕二

自然の中で生きる美しい生きものを選んで解説しました。楽しんでいただけましたでしょうか?

この本で取り上げた生きものは、一般的に人気が高そうなものの中から、私の個人的な好みを加えて選んだものです。人は、自分勝手に生きものを好き嫌いで区別していますが、本来、生きものに優劣はありません。生きものは、様々な環境の中で生き残り、子孫を残すために、長い時間をかけて生き方を変化させ、今の姿があります。単なる自然現象の結果であって、良いも悪いもありません。そのように区別するのは人間が勝手に自分たちの生活に有用かどうかで物事を評価する価値観があるからです。

しかし、人間は、生きものに有用性とは違った特別な感情を抱きます。これは自然界での長い暮らしで身についた、人間の生まれ持っての行動パターンによるものだと考えています。人間には、昔から、食べる植物を採取する、動物を狩猟する、子どもを守り育てるという行動がありました。そこには、他の生きものとの関わりがあります。その関わりの中で、生きものに対して、愛着のあるもの、関心のあるものができてきたのではないかと推測されます。今は、自然界から直接、食べ物を採って食べることは少ないですが、そのような感覚が今も身体のどこかに残っているはずです。

私は、人間が生きものに特別な感情を持つのであれば、それを人間社会の問題解決につなげられないかと考えました。世界的な問題として、人間活動が原因で絶滅する生きものが急激に増え、生物の種類が減っている生物多様性の危機が叫ばれています。国内でもクマの出没の問題、外来種が増えているなど、生きものに関する社会的な課題はたくさんあります。それらを解決するのは、とても難しいことで、この本で語れるようなことではありません。

このような問題を理解し考える時に、生きものや自然に関する知識が必要になります。正確な知識を得るには、生物学や生態学などを学ぶのが良いですが、それには時間と根気が必要です。誰にでも簡単にできることは「好きになる」ことです。好きになるためには「生きものが美しい、面白い」と感じることが始まりです。そこで、それを前面に打ち出した本を作ろうと考えました。まず、写真はできるだけ魅力を感じ取ってもらえるよう、長年に渡って撮影したものの中から、一番魅力的なものを選びました。そして、文章では、個々の生きもののことだけでなく、生きもののつながりや環境との関係のことを理解してもらえるように努めました。生きものを本当に好きになるには、自分で探して出会い、直接触れ合うことです。そのために、わずかですが出会い方に紙面を割きました。

この本の読者が、自然の中で美しい生きものと出会い、生きものを好きになり、さらに自然についての理解が深まることを期待しています。その結果として私は、多様な生きものと人間がうまく共存していける社会になることを願っています。

最後に、この本を出版できたのは、多くの方々から様々な機会やご教示をいただいたおかげです。特に日本自然保護協会自然観察指導員東京連絡会(NACOT)におかれては、自然観察についてのご教示と会誌「SIGN POST」に本書の基となる連載「自然の仲間との出会いから」を10年間掲載していただきました。森林インストラクター東京会からは、様々な自然体験の機会を与えていただき、特に高尾クラブの皆様からは、自然ガイドの実践を通じ、生きものについて多くのことを教えていただきました。ここに皆様に深く感謝いたします。

花

参考文献

○植物

図説　日本の植生	福嶋司、岩瀬徹編著	朝倉書店
日本　野生植物館	奥田重俊編著	小学館
花と昆虫がつくる自然	田中肇	保育社
山渓ハンディ図鑑1　野に咲く花	林弥栄、平野隆久、畔上能力	山と渓谷社
山渓ハンディ図鑑2　山に咲く花	永田芳男、畔上能力	山と渓谷社
山渓ハンディ図鑑5　樹に咲く花　合弁花・単子葉・裸子植物		
	茂木透、城川四郎、高橋 秀男他	山と渓谷社
山渓ハンディ図鑑8　高山に咲く花	清水建美、門田裕一、木原浩	山と渓谷社
決定版 山の花 1200	青山潤三	平凡社
花のおもしろフィールド図鑑	ピッキオ編著	実業之日本社
生きもの出会い図鑑　野山の花	久保田修	学研教育出版・学研プラス
スミレハンドブック	山田隆彦	文一総合出版
ツツジ・シャクナゲハンドブック	渡辺 洋一、髙橋修	文一総合出版

○蝶

フィールドガイド　日本のチョウ	日本チョウ類保全協会編	誠文堂新光社
日本産蝶類標準図鑑	白水隆	学習研究社・学研プラス
フィールド図鑑　チョウ	日高敏隆監修	東海大学出版会
美しい日本の蝶図鑑	矢後勝也、工藤誠也	ナツメ社
生きもの出会い図鑑　日本のチョウ	久保田修	学研教育出版・学研プラス
蝶ウォッチング百選	師尾信	晩聲社
森の蝶・ゼフィルス	田中蕃	築地書館

○野鳥

フィールドガイド　日本の野鳥	高野伸二	日本野鳥の会
決定版 日本の野鳥 650	真木広造、大西敏一、五百澤日丸	平凡社
山渓ハンディ図鑑　日本の野鳥	叶内拓哉、安部直哉、他	山と渓谷社
見つけて楽しむ 身近な野鳥の観察ガイド	梶ヶ谷博編著	緑書房
野鳥ウォッチングガイド	山形則男、五百沢日丸	日本文芸社
季節とフィールドから　鳥が見つかる	中野泰敬	文一総合出版
鳥のおもしろ私生活	ピッキオ編著	主婦と生活社
生きもの出会い図鑑　日本の野鳥	久保田修	学研教育出版・学研プラス
鳥のフィールドサイン観察ガイド	箕輪義隆	文一総合出版
日本のタカ学　生態と保全	樋口広芳	東京大学出版会
イヌワシの生態と保全	ジェフ・ワトソン	文一総合出版

○哺乳類

日本動物大百科　哺乳類 I、II	日高敏隆監修	平凡社
日本哺乳類大図鑑	飯島正広、土屋公幸	偕成社
フィールドベスト図鑑　日本の哺乳類	小宮輝之	学研教育出版・学研プラス
フィールドで出会う哺乳動物観察ガイド	山口喜盛	誠文堂新光社
哺乳類観察ブック	熊谷さとし	人類文化社
哺乳類のフィールドサイン観察ガイド	熊谷さとし、安田守	文一総合出版
ムササビに会いたい！	岡崎弘幸	晶文社出版
カモシカの生活誌	落合啓二	どうぶつ社
シカの生態誌	高槻成紀	東京大学出版会
日本のクマ　ヒグマとツキノワグマの生物学	坪田敏男、山﨑晃司	東京大学出版会
クマが樹に登ると　クマからはじまる森のつながり	小池伸介	東海大学出版会
野生ニホンザルの研究	伊沢紘生	どうぶつ社

著者略歴

藤原　裕二（ふじわら　ゆうじ）

1953年、東京都生まれ。高校時代に登山を始めた頃から自然に興味を持ち、大学時代にクラブ活動で写真研究部に所属し写真撮影を始める。卒業後、システムエンジニアとして会社に勤めるかたわら1990年頃からバードウォッチングを始める。2005年に自然観察指導員、2007年に森林インストラクターとなり、現在、自然観察会、ハイキングツアーで自然ガイドに従事。

日本自然保護協会自然観察指導員、森林インストラクター、グリーンセイバー（マスター）、環境省環境カウンセラー、東京農工大学農学部科目等履修生。

所属団体は、日本自然保護協会自然観察指導員東京連絡会、森林インストラクター東京会、樹木・環境ネットワーク協会、日本野鳥の会（東京、奥多摩支部）、自然環境アカデミー、日本チョウ類保全協会、日本クマネットワーク、ツキノワの会、日本植物友の会。著書『多摩川あそび』、『多摩川自然めぐり』（けやき出版）ほか

自然の中で美しい生きものと出会う図鑑

2020年7月6日発行

文／写真　　藤原裕二

発　　行　　株式会社けやき出版
　　　　　　〒190-0023　東京都立川市柴崎町3-9-6 高野ビル1階
　　　　　　TEL 042-525-9909　FAX 042-524-7736

編　　集　　木村志津子／伊大知崇之

印　　刷　　株式会社サンニチ印刷